技能人才通用职业素质培训教材

数字技能

人力资源社会保障部教材办公室
组织编写

中国劳动社会保障出版社

图书在版编目（CIP）数据

数字技能 / 人力资源社会保障部教材办公室组织编写 . -- 北京：中国劳动社会保障出版社，2023

技能人才通用职业素质培训教材

ISBN 978-7-5167-6014-7

Ⅰ. ①数… Ⅱ. ①人… Ⅲ. ①数据处理 – 教材 Ⅳ. ① TP274

中国国家版本馆 CIP 数据核字（2023）第 170568 号

中国劳动社会保障出版社出版发行

（北京市惠新东街 1 号　邮政编码：100029）

*

北京市艺辉印刷有限公司印刷装订　新华书店经销
787 毫米 ×1092 毫米　16 开本　16.75 印张　277 千字
2023 年 10 月第 1 版　2023 年 10 月第 1 次印刷
定价：32.00 元

营销中心电话：400-606-6496
出版社网址：http://www.class.com.cn

版权专有　　侵权必究

如有印装差错，请与本社联系调换：（010）81211666
我社将与版权执法机关配合，大力打击盗印、销售和使用盗版图书活动，敬请广大读者协助举报，经查实将给予举报者奖励。
举报电话：（010）64954652

主　编 郭　煜
副主编 谢冠怀
编　者 罗茂元　陶　丽　林　琳　陈俊锦　王举俊
主　审 陈李翔　武丽志

丛书序

职业素质对于技能人才职业生涯的发展至关重要。它可以帮助技能人才提升自身的价值与竞争力，获得更多的就业机会，是新型技能人才不可或缺的基本素养。为贯彻落实党的二十大精神，深入实施人才强国战略、就业优先战略，加快建设国家战略人才力量，努力培养造就更多大国工匠、高技能人才，健全终身职业技能培训制度，建立完善适应新时代发展要求的高质量职业技能培训教学资源体系，提高职业培训质量，人力资源社会保障部教材办公室组织有关院校、研究机构、培训机构、行业和企业等各方面专家，编写了技能人才通用职业素质培训教材。

技能人才通用职业素质培训教材依据国家职业标准、技能人才通用职业素质培训课程规范开发，以培养劳模精神、劳动精神、工匠精神为引领，强化全体技能劳动者职业素质和职业道德培育，加强数字技能等通用职业能力培养。首批开发的技能人才通用职业素质培训教材共包括《劳模精神　劳动精神　工匠精神》《职业道德》《职业素质》《数字技能》4本。

本书是开展技能人才通用职业素质培训的重要教学资源，适用于各级各类职业技能培训的通用职业素质类课程。

为了更加直观地呈现数字技能的操作内容，我们将本书中部分数字技能操作拍摄制作成了视频，扫描封面上的二维码即可观看。为使内容更具可操作性，本书中选择了较为常用的硬件设备、软件或App为例进行介绍，不涉及任何商业行为，特此声明。

本书在编写过程中得到广东省职业训练局、安徽马鞍山技师学院、广东省机械技师学院、四川城市技师学院等单位的大力支持与协助，在此一并表示衷心感谢。

人力资源社会保障部教材办公室

目 录

第1章

认识数字技能

第1节　数字技能概述 …………………………………… 3
第2节　数字技能框架 …………………………………… 11
第3节　数字技能与信息加工 …………………………… 16

第2章

数字获取能力

第1节　搜索实用技能 …………………………………… 23
第2节　信息获取与甄别 ………………………………… 43

第3章

数字信息处理能力

第1节　智能化信息处理 ………………………………… 65
第2节　数字信息加工 …………………………………… 72
第3节　创建数字内容 …………………………………… 92

第4章

数字问题解决能力

第1节　数字技能分析问题 ……………………………… 109
第2节　数字技能参与决策 ……………………………… 128
第3节　数字技能优化实施 ……………………………… 137

数字技能

第 5 章
数字信息交流能力

第 1 节　数字技术互动及分享　…………………… 155
第 2 节　数字技术协同工作　……………………… 168
第 3 节　数字技术参与社会事务　………………… 181
第 4 节　网络信息交流行为规范　………………… 193

第 6 章
数字安全能力

第 1 节　数字设备及内容保护　…………………… 201
第 2 节　个人数据与隐私保护　…………………… 237
第 3 节　健康数字环境保护　……………………… 247

第1章

认识数字技能

数字技能

学习情景

旅游达人小涵每次去旅行前都需要在手机App①上查询和预订行程，学生小云经常需要运用计算机或手机搜索和整理各种类型的学习资料，职场新人小伟每天都需要在工作群收集公司各部门的统计资料并使用软件汇总报表……类似的场景也经常在你我的日常生活、学习和工作中出现。可以看出，在信息技术飞速发展的数字时代，大部分人都具备运用信息技术获取、甄别、处理及发布信息的能力，简单来说这种能力就是数字技能。下面就让我们一起来认识数字技能！

核心要素

　　人工智能、大数据、物联网等技术的迅速发展创造了一个全新的数字化环境，它在改变人们生活、学习和工作方式的同时，也改变着人们的思维方式。在信息技术迅速发展的数字时代，数字技能已经成为人们参与社会生活的必备"生存技能"。它不仅与个人生活和工作紧密相连，其教育培训也与新生代的竞争力紧密相连。

　　通过学习本章内容，我们将具备以下能力。

　　1.能叙述数字技能的概念与分类。

　　2.能说明数字技能的基本内容。

　　3.能描述信息加工的基本过程。

　　4.能列举数字技能的主要应用领域。

---

① 应用程序，是英文单词application的缩写，一般指手机软件。

第1节 数字技能概述

学习情景

小涵在手机 App 上查询和预订旅行的行程,小云使用计算机或手机搜索和整理各种类型的学习资料,小伟在工作群里收集公司各部门的统计资料并使用软件整理形成报表,这些看似很平常的场景,实际上都是运用数字技能解决问题的案例。那么,什么是数字技能呢?与数字技能相关的知识又有哪些呢?下面就让我们一起来了解。

核心要素

进入数字化时代,数字经济蓬勃发展,数字技术快速迭代,数字技能在生活、工作中扮演着越来越重要的角色,从而对人们所需具备的能力也提出了新要求、新标准。那么,什么是数字技能,数字技能会给人们的学习、生活带来怎样的影响和挑战呢?

通过学习本节内容,我们将具备以下能力。

1. 能描述什么是数字素养。
2. 能说明数字技能的概念与分类。
3. 能列举数字技能给社会、生活带来的影响与挑战。

一、从数字素养到数字能力

微故事导入

数字素养与能力听起来很抽象,实则与大家的生活息息相关。在日常生活中,我们在微信朋友圈里分享生活,使用智能手机上的电子地图进行

数字技能

> 定位,利用订票App查询车次、在线预订车票及付款,这些都代表我们已经具备了一定的数字素养与能力。

1. 数字素养

(1)数字素养概念的历史。"数字素养"这个概念初现于20世纪90年代后期,由美国学者理查德·兰纳姆(Richard Lanham)于1995年首次正式提出。他认为,数字资源有可能变成不同形式的信息,如文本、图像、声音等,可见他理解的数字素养是一种由多种媒体素养组成的新素养。

1997年,美国学者保罗·吉尔斯特(Paul Gilster)在《数字素养(Digital Literacy)》一书中将数字素养定义为"理解及使用呈现在计算机上的各种各样的信息资源的能力",并认为数字素养不仅仅是能力,更是人们生活必备的技能。他强调数字素养需要培养的是人们对所获信息的批判性思考,而不是个人的检索技能。

严格来讲,在2004年以色列学者约拉姆·埃谢特-阿尔卡莱(Yoram Eshet-Alkalai)提出数字素养的五大要素以后,这一概念才真正受到学界的关注。具体数字素养五大要素如下。

图片、图像素养:指识别理解视觉图形信息的能力。

再创造素养:指重新整合各种信息的能力。

分支素养:指驾驭超媒体① 信息和非线性思考的能力。

信息素养:指检索、筛选、辨别、使用信息的能力。

社会、情感素养:指共享知识,进行数字化情感交流的能力。

随着数字技术的飞速发展,数字素养已成为社会各界广泛关注的热点,各国相关组织和机构对数字素养的概念及内容进行了界定和分析,下面列举比较有代表性的几个观点。

2011年,欧盟启动"数字素养项目"(digital competence: identification and European-wide validation of its key components for all levels of learners)的研

---

① 一种采用非线性网状结构对块状多媒体信息(包括文本、图像、视频等)进行组织和管理的技术。

究工作，把"数字素养"列为八大核心素养之一，并将其定义为"在工作、就业、学习、休闲以及社会参与中，自信、批判和创新性地使用信息技术的能力"。

2011年，英国联合信息系统委员会（joint information systems committee，JISC）认为，数字素养是由多种素养和能力组成的，是指个人在数字社会中生存、学习及工作所需的能力，这些能力包含信息通信技术和计算机素养、信息素养、媒体素养、交流与合作能力，还包括利用数字工具开展学术研究、学习以及规划生活的能力等。

2012年，美国图书馆协会将数字素养定义为利用信息与通信技术检索、理解、评价、创造并交流数字信息的能力，并强调这个过程需具备认知技能及技术技能。

2017年，国际图书馆协会联合会（international federation of library associations and institutions，IFLA）提出了一个以结果为导向的数字素养定义：拥有数字素养意味着可以高效、有效且合乎道德地利用数字技术，满足个人生活、公民活动和专业工作中的信息需求。

（2）数字素养的概念。在我国，数字素养与技能是指数字社会公民学习、工作、生活应具备的数字获取、制作、使用、评价、交互、分享、创新、安全保障、伦理道德等素质与能力的集合。具体来看，数字素养包括数字意识、计算思维、数字化学习与创新、数字社会责任。

1）数字意识。内化的数字敏感性、辨别数字的真伪和价值，主动发现并利用真实的、准确的数字的动机，在协同学习和工作中分享真实、科学、有效的数据，主动维护数据的安全。

2）计算思维。分析、解决问题时，主动抽象问题、分解问题、构造解决问题的模型和算法，善用迭代和优化，并形成高效解决同类问题的范式。

3）数字化学习与创新。在学习和生活中，积极利用丰富的数字化资源、多样的数字化工具和泛在的数字化平台，开展探索和创新。数字化学习与创新不仅要求使用数字化资源、工具和平台来提升学习的效率和生活的幸福感，还要将它们作为探索和创新的基础，不断养成探索和创新的思维习惯与工作习惯。确立探索和创新的目标、设计探索和创新的路线、完成实践探索和创新的过程、交流探索和创新的成果，逐步形成探索和创新的意识，积累探索和创新的动力，储备探索和创新的能力，同时也形成了团队精神。

4）数字社会责任。形成正确的价值观、道德观、法治观，遵循数字伦理规范。在数字环境中，保持对国家的热爱、对法律的敬畏、对民族文化的认同、对科学的追求，主动维护国家安全和民族尊严，在各种数字场景中不伤害他人和社会，积极维护数字经济的健康发展秩序和生态。

2. 数字能力

数字能力是一种为了工作、休闲和交流，自信和批判地运用信息社会技术的能力。数字能力的提出，正好应对创新型人才培养的要求。在社会层面，掌握数字技能的人，可以在当下数字化信息时代中成为效率更高的劳动者和公民。在技术层面，随着智能手机、社交网络的普及与风靡，数字化工具和媒体的角色越来越重要。人们在数字化社会中的工作、学习和生活往往需要具备更多、更高、更新的能力，如多任务处理、分布式认知能力，团体智力，信息识别、网络协商能力等。因此，从能力要素上来看，数字能力除了强调基础技能外，还应该强化技术素养、技术设计、技术思维等高级技能，这些新的能力通常被打上"21世纪技能"的标签。目前，国际上比较认可的数字能力构成要素如图 1-1-1 所示。

	P21①	ATC21S②	
批判性态度	学习和创新技能 1. 批判性思维和问题解决 2. 创造和创新技能 3. 沟通和协作能力	思维方式 1. 创造和创新技能 2. 批判性思维、问题解决、做决定能力 3. 学习领导力、元认识能力	学习与问题解决能力
创造性态度			
灵活性和适应性		工作方式 1. 交流 2. 合作（团队）	交流和合作能力
文化意识			公民共享
主动性和自主性	信息、媒体和技术技能 1. 信息素养 2. 媒体素养 3. 技术素养	工作工具 1. 信息素养 2. 信息通信技术素养	从生活中各方面的数字媒体中得益
生产力和责任	生活和职业技能 1. 灵活性和适应性 2. 主动性和自我指导 3. 社会的和多文化技能 4. 生产力和社会义务 5. 领导力和责任感	生活技能 1. 本地和全球的公民权 2. 生活和职业技能 3. 个人和社会责任 （包括文化意识和能力）	

图 1-1-1 数字能力构成要素示例图

注：① partnership for 21st century skills，即 21 世纪技能合作组织。
② assessment and teaching of 21st century skills，即 21 世纪技能评估与教学。

在我国，数字能力指以分析的、合作的和创造性的方法使用数字技术的能力，包括软硬件的基本知识、信息和数据素养、交流与合作能力、数字内容创建能力、安全性保障能力、解决问题能力、职业胜任力等。

二、数字技能的概念

小云会运用计算机或手机搜索和整理不同类型的学习资料，说明她具备了运用数字技术解决问题的能力。但如果小云能在指定的时间内运用计算机或手机按要求整理不同类型的学习资料，则可以认为她把能力提升成了技能。

1. 什么是数字技能

联合国教科文组织在2018年出版的《培养面向未来的数字技能——我们能从国际比较指标中得出什么结论?》报告中提出：广义而言，数字技能不仅指知道如何应用信息通信技术（information and communication technology, ICT）来获取、分享、生产信息，而且指能够应用信息通信技术来批判性地评估和处理信息，运用精确的技术获取和生产信息，以解决复杂问题。

《学习时报》在2021年1月刊发的文章《数字化生存应提升全民数字技能》中指出：随着数字技术的进步和数字化社会的发展，数字技能的内涵和外延在不断丰富和完善。想要有效参与数字化社会的发展，必须具备数字资源的使用和研发能力，包括数字获取技能、数字交流技能、数字消费技能、数字安全技能、数字健康技能。

综合各方面情况和应用实际，我们认为：数字技能是通过云计算、人工智能、物联网等信息通信技术，生产、获取、分析、传输信息，以解决复杂问题、确保数据安全等的素养和能力。

2. 数字技能的分类

根据数字技能使用和培养需求不同，可以将数字技能分为"数字应用技能"和"数字专业技能"两类。

数字应用技能主要是针对非专业人员，指社会大众在工作、生活中使用各种电子设备获取、传输数字信息等的能力，具有基础性和普适性。

数字专业技能主要是针对专业人员，指云计算、大数据、物联网、区块链、人工智能、5G 通信等数字技术领域从业者需掌握的开发、分析、整合数字信息等的能力，具有复杂性和创新性。

三、数字技能的影响与挑战

从前面的例子中可以看出，数字技能已经深深地融入我们的生产生活中，改变了传统的生产生活方式，改变了我们的行为交往方式，也深刻影响人们的思想观念和思维方式。那么，数字技能将会给我们带来哪些影响和挑战呢？

1. 数字化生存成新常态

如今，数字技术已深度融入生活，如我们聆听的音乐、观看的节目、网络购买的行为、分享的社交媒体，我们工作和生活中不可或缺的应用软件等都属于数字技术。5G、人工智能、大数据、物联网、自动驾驶、虚拟现实技术（virtual reality，VR）、增强现实技术（augmented reality，AR）等科幻大片中的情节，现在也都真实地出现在我们的生活中。

2. 数字社会的新挑战

随着数字技术的发展，人类社会正在进入数字社会时代，但同时也面临着数字技术发展带来的新问题和新挑战，具体表现在以下四个方面。

（1）个人数据安全。数字经济时代，随着数字技术渗透到各个方面，人们享受着数字技术带来的便利的同时也面临个人隐私数据被泄露的挑战。

（2）数字鸿沟。数字鸿沟也叫作信息鸿沟，是指不同社会群体之间拥有和使用现代信息技术方面存在的差距。数字鸿沟产生的基本原因有基础设施建设水平差距、受教育水平差距、经济收入水平差距以及个人年龄、习惯等方面的因素。数字鸿沟会产生大量"信息贫困者",若数字技术仅为少数人所享有,会造成信息的均享程度下降,降低数字化和信息化的成效,影响数字经济的可持续发展。

（3）人工智能伦理。在过去的十年间,人工智能技术取得了快速发展和广泛应用,而相关的伦理问题也愈发得到重视和关注。人工智能引发的伦理和道德问题是多方面和多层次的。例如,机器人承担人类和社会角色,成为人类的"伴侣",人类由此对人工智能产生依赖,不利于人类的心理健康。同时,人工智能参与的违约、侵权行为如何界定以及归责问题等,也越来越受到关注。

（4）失业和收入问题。数字技术将对就业市场产生双重影响。虽然得益于数字经济,一些新的就业门类、新行业、新产业得以被创造,产生了大量直接就业,这是数字经济友好的一面。但同时,数字技术也被称为"就业杀手",因为技术的进步也会使一部分工作岗位被机器、人工智能所取代,从而带来技术性、结构性失业。

3. 把握数字技术新趋势

数字技术的发展和应用,使得各类社会生产活动能以数字化方式生成可记录、可存储、可交互的数据、信息和知识。互联网、物联网等网络技术的发展和应用,使抽象出来的数据、信息和知识在不同主体间流动、对接、融合,深刻改变着传统生产方式和生产关系。人工智能技术的发展,信息系统、大数据、云计算、量子通信等数据信息处理技术、先进信息通信技术的应用,使得数据处理效率更高、能力更强,大大提高了数据处理的时效化、自动化和智能化水平,推动社会经济活动效率迅速提升、社会生产力快速发展。经综合分析,在此整理了未来五年数字技术发展的主要趋势,供大家参考学习。

（1）互联网和物联网。传统互联网从 C2C[①] 消费型转型到 B2B[②] 的产业型；工业互联网兴起,消费互联网进一步连接工业物联网；车联网将加速发展。

（2）云计算与云服务。云网融合是未来发展的趋势,基于电信运营商云网融合的政企业务未来将有更大的市场空间；云平台服务会进一步为企业实现降本增效；基于移动网络的整体解决服务将爆发。

（3）数据安全。数据是数字经济时代的产物,而数据安全是数字经济发展的基础。

---

① 电子商务的专业用语,指个人与个人之间的电子商务,即 customer（consumer）to customer（consumer）。

② 指企业与企业之间通过专用网络或 internet（互联网）,进行数据信息的交换、传递,开展交易活动的商业模式,即 business-to-business。

数字技能

随着《中华人民共和国数据安全法》《中华人民共和国个人信息保护法》等法律的出台，如何加强数据安全工作，进一步为数字经济发展提供更加有力的保障，是未来一个时期重点关注的问题。

（4）区块链技术。区块链思维将成为数字世界的契约机制，数字货币将进入商业化阶段。

（5）通信技术。5G建设进入商业发展期，6G标准将探索数字融合新时代。

（6）数字孪生技术。城市数字孪生技术将从萌芽到加速发展，制造业数字孪生技术将从高端装备制造扩展到整个行业。

（7）量子技术。量子信息科学将成为一个新的发展领域，量子技术将成为智能经济时代的"新基础设施"。随着移动通信网络速度的提高和手机等终端存储计算的瓶颈被突破，量子计算机将主要为数据中心的各种智能应用提供计算服务。

（8）人工智能。元宇宙将加速通用人工智能的发展，深度算法的研究仍有待加强。

总结

通过以上学习，我们了解了什么是数字素养和数字能力，认识并理解了数字技能的概念与分类，同时也了解了数字技能给社会、生活带来的影响与挑战，这些都为我们全面认识数字技能打下了良好的基础。

第2节 数字技能框架

学习情景

小涵在手机 App 上查询和预订旅行的行程,说明她具备识别、检索、分析数字信息的能力。小伟在工作群里收集公司各部门的统计资料并使用软件整理形成报表,说明他具备通过网络数字工具共享资源,并重新整合先前知识和内容的能力。这些都属于数字技能的范畴。但完整的数字技能框架包含哪些内容呢,下面就让我们来详细了解一下。

核心要素

数字技能框架是用于提升全民数字技能的一个重要工具,它厘清了数字时代公民应具备的数字能力,提供了数字技能培养的参照模型。认识并了解数字技能框架,不仅可以帮助政策制定者制定支持数字技能提升的政策,还可以准确地设计、改善特定目标群体数字技能提升的教育和培训方案。

通过学习本节内容,我们将具备以下能力。

1. 能叙述数字技能框架的构成和特点。
2. 能举例说明数字技能框架的基本内容。

一、数字技能框架概述

1. 数字技能框架构成

数字技能框架包括七个数字能力域,具体如下。

(1) 设备与软件操作。确认和使用硬件工具与技术,确认操作软件工具与技术所需的数据、信息和数字内容。

(2) 信息与数据素养。阐明信息需求,定位和提取数字数据、信息和内容,判断来源及其内容之间的相关性;存储、管理和组织数字数据、信息和内容。

(3) 沟通与协作。使用数字技术进行互动、沟通与协作,了解文化与代际多样性;

数字技能

使用公共与私人数字服务参与社会事务和成为参与式公民；管理个人的数字身份和声誉。

（4）数字内容创建。创建和编辑数字内容，在理解如何应用版权与许可的同时，改进信息与内容，并将其与现有的知识体系相整合。

（5）数字安全。保护数字环境的设备、内容、个人数据和隐私；保护身心健康，了解数字技术对社会福祉与社会融入的作用；了解数字技术及其使用对环境的影响。

（6）问题解决。确认需求和问题，解决数字环境的概念性问题及其情境；使用数字工具创新流程和产品，紧跟数字发展潮流。

（7）职业相关能力。使用专业的数字技术，理解、分析和评价特定专业领域的数据、信息与数字内容。

在数字技能框架中，每个能力域都包括多种具体内容（后续将详细介绍），每个内容能力又由一种或多种目标表述组成。

2. 数字技能框架的特点

数字技能框架具有以下五大特点。

（1）数字技能框架将技能目标拆解为具体的能力，且表述清晰、层层递进。

（2）数字技能框架要求学习者能随时接触到数字设备与软件。

（3）数字技能框架不仅涉及知识与技能，还包括态度、意愿等非认知因素。

（4）数字技能框架的具体内容向发展中国家和地区倾斜。

（5）数字技能框架有较大的灵活性，能满足个性化学习需求。

以上特点可总结为综合性、个性化、赋能感。综合性指框架覆盖的范围全面，既包括纵向的水平层次，也包括横向的学习结果类型；个性化指框架支持不同人群的数字学习需求，无论学习者接触到什么样的数字技术，都能根据这个框架设定个性化的目标；赋能感指对目标进行具体拆解细化，并对其进行标准化表述。

二、数字技能框架的基本内容

数字技能框架的基本内容见表1-2-1。

表 1-2-1　　　　　　　　数字技能框架的基本内容

能力域及具体能力	对能力的描述
1. 设备与软件操作	
1.1 操作数字设备实物	确认和使用硬件工具与技术的功能和特性
1.2 操作数字设备软件	了解并理解操作软件工具与技术所需的数据、信息与数字内容
2. 信息与数据素养	
2.1 浏览、搜索和筛选数据、信息与数字内容	阐明信息需求，在数字环境中搜索和评估数据、信息与数字内容，创建和更新个性化搜索策略
2.2 评价数据、信息与数字内容	分析、比较和批判性地评价数据、信息与数字内容来源的可信度；分析、解释和批判性地评价数据、信息与数字内容
2.3 管理数据、信息与数字内容	在数字环境中组织、存储和提取数据、信息与数字内容；在结构化环境中对其进行二次转化
3. 沟通与协作	
3.1 使用数字技术互动	使用多样的数字技术进行互动，并能够理解在特定的情境下所使用的数字交流方式
3.2 使用数字技术分享	使用数字技术与他人分享数据、信息与数字内容，具有在数字世界中与他人交往的能力
3.3 使用数字技术参与公民事务	使用公共与私人数字服务参与社会事务，合理使用数字技术寻求自我赋权和参与公民事务的机会
3.4 使用数字技术协作	将数字工具和技术用于协作过程，以共同建构知识或完成协作任务
3.5 网络礼仪	在运用数字技术进行交流时，能了解自身行为规范和技术运用能力，能采用合适的通信策略和手段以适应特定的对象
3.6 管理数字身份	能创建和管理一个或多个数字身份，并能理解数字交流的本质和后果，负责任地管理数字交流过程中留下的足迹，并积极建立良好的数字声誉
4. 数字内容创建	
4.1 创建数字内容	创建和编辑不同形式的数字内容，使用数字工具表达自己的想法
4.2 整合和重构数字内容	修改、精炼、改进信息与内容并将其与现有的知识体系相整合，以创建相关的新内容和新知识
4.3 版权与许可	理解版权与许可应用于数据、信息和数字内容的步骤
4.4 编程	规划和创建计算机系统可理解的指令，以解决问题或完成任务

续表

能力域及具体能力	对能力的描述
5. 数字安全	
5.1 保护设备	保护设备与数字内容,理解数字环境中存在的危险与威胁;了解必要的安全与防护措施,并能充分考虑其可靠性和隐私性
5.2 保护个人数据与隐私	保护数字环境中的个人数据与隐私,并在以个人身份使用和分享信息时保护自己与他人利益不受损害;理解数字服务中的隐私政策,并了解个人数据将被如何使用
5.3 保护健康与福祉	能够在使用数字技术时,避免其对身心健康造成威胁;能够在数字环境中保护自己与他人利益不受损害(如网络欺凌等);能够意识到数字技术有助于促进社会福利和社会包容
5.4 保护环境	能够意识到数字技术及其使用对环境造成的影响
6. 问题解决	
6.1 解决技术问题	确认和解决操作设备与使用数字环境过程中的技术问题(从故障检测到解决复杂问题)
6.2 确认需求与技术方案	评估需求,确认、评价、选择和使用数字工具与可能的技术方案以满足需求;调整和自定义数字环境以满足个人需求
6.3 创造性地使用数字技术	使用数字工具与技术创造知识并创新流程、产品;独立或合作参与认知加工,在数字化工具的支持下创造知识、解决概念性问题
6.4 明确数字技能差距	明确自己需要在哪些方面提升数字技能;能够支持他人提升数字技能;能寻求自我发展的机会,紧跟数字化发展潮流
6.5 计算思维	将可计算问题转化为一系列有逻辑顺序的步骤,为人机系统提供解决方案
7. 职业相关能力	
7.1 使用特定专业领域的数字技术	确认和使用特定专业领域的数字工具与技术
7.2 解释和运用特定领域的数据、信息与数字内容	在数字环境中理解、分析和评价特定领域的数据、信息与数字内容

总结与情景拓展

总结

通过以上学习,我们全面了解了数字技能框架的基本内容与特点。数字技能框架是提升全民数字技能的一个重要工具,可以根据不同的需求应用到不同的领域中,支持人们在数字化社会中更好地工作、学习和生活。

应用情景拓展

许多组织和机构已经在不同国家和地区,采用不同方式,利用数字技能框架的结构或内容提升劳动者的数字技能,并取得了良好效果。数字技能框架主要被应用于教育与培训、终身学习与社会融入、就业等领域。对于不具备数字技能或者应用能力较弱的劳动者,可以应用数字技能框架帮助他们掌握必要的数字技能,改善他们的个人生活;对于求职者,数字技能框架可以帮助他们快速识别缺乏的数字能力,从而进一步提升个人的数字技能;对于员工,数字技能框架有助于定义其工作岗位需要的数字能力,形成准确的工作描述;对于培训实施者,数字技能框架在一定范围内提供了描述数字能力的统一表述,为规范数字技能培训标准提供了依据。

数字技能

第3节 数字技能与信息加工

学习情景

小云运用计算机或手机搜索和整理不同类型的学习资料,小伟在工作群里收集公司各部门的统计资料并利用软件整理形成报表。在这些场景中,他们都是利用数字技能对信息进行加工。数字技能与信息加工密不可分,拥有数字技能,可以使人们对信息的加工变得更加简单和高效。

核心要素

信息加工与数字技能密切相关,只有了解信息加工的过程和方式,才能在数字社会中有效地运用数字技能识别、获取、处理信息,从而提高学习和工作的效率,提升生活质量。

通过学习本节内容,我们将具备以下能力。

1. 能叙述信息加工的重要性。
2. 能说明信息加工的一般过程。
3. 能列举数字技能给学习、生活带来的变革。

一、信息加工的过程和方式

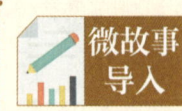
微故事导入

在学校的运动会上,小云因为擅长收集、整理各类资料信息,所以被分在比赛成绩发布组,主要工作是收集、汇总并发布各比赛项目的成绩,并对最终成绩进行归档存储。

1. 信息加工及其重要性

信息加工是指将获取的原始信息按照应用需求对其进行筛选、判别、分类、排序、分析、研究、整理、编制和存储等处理的一系列过程。信息加工使收集到的信息成为我们需要的、有用的信息。信息加工是信息得以利用的关键，其重要性主要体现在以下几个方面。

（1）信息加工是对原始信息的筛选和判别。在大量的原始信息中，不可避免地存在一些假信息和伪信息，只有通过认真筛选和判别，才能防止鱼目混珠、真假混杂。

（2）信息加工是对信息的分类和排序。初收集来的信息是一种原始的、零乱的、孤立的信息，只有把这些信息进行分类和排序，才能存储、检索、传递和使用。

（3）信息加工是对信息的分析和研究。对分类排序后的信息进行分析比较、研究计算，可以使信息更具有使用价值，甚至形成新信息。

2. 信息加工的一般过程

信息加工的一般过程包括记录信息、加工信息、发布信息、存储信息。以比赛成绩发布为例，其对应的信息加工过程如图1-3-1所示。

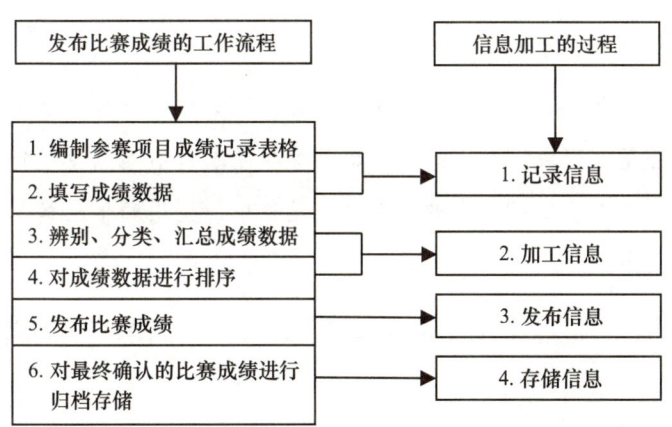

图1-3-1 比赛成绩信息加工的一般过程

3. 信息加工方式的变化

传统的信息加工主要是通过人脑进行的，随后相继出现了手工设备和计算机（智能设备），也就是说，进行信息加工一般有手工加工和智能加工两种方式。采用手工方式进行信息加工，不仅烦琐、容易出错，而且其加工过程需要很长时间，已经远远不能满足现代生活的需要。随着计算机技术，特别是大数据、人工智能等数字技术的不

断发展和应用，大大缩短了信息加工的时间，使人们从烦琐的手工信息加工的方式中摆脱了出来，同时也满足了人们个性化信息加工的需求。

目前，比较常见的利用数字技术进行信息加工的方式有以下三种。

（1）基于程序设计的自动化信息加工。即针对具体的问题编制专门的程序实现信息加工的自动化。

（2）基于大众信息技术工具的人性化信息加工。利用大众信息技术工具如字处理软件、动画制作软件、视频处理软件实现信息加工。

（3）基于人工智能化的信息加工。指利用人工智能技术加工信息，其主要特点是在减少人为参与的前提下，让智能设备自主地加工信息，进一步提高信息加工的效率和智能化程度。

二、数字技术赋予信息加工新内涵

作为一名职场新人，小伟的主要工作是在工作群里收集公司各部门的数据资料并整理形成报表，包括利用各种软件或 App 对信息进行收集、记录、加工、整理、发布和存储。在这个过程中，使用的信息加工方式和工具设备是数字化的。

1. 数字技术丰富了信息加工手段

随着大数据、人工智能等数字技术飞速发展，信息加工手段不断丰富。大数据技术可以将来自不同渠道的数据信息进行组合，形成新的、有用的信息。人工智能技术可以通过模拟人与自然界其他生物处理信息的行为，实现信息加工的智能化。

在日常生活中，我们可以接触到的利用大数据技术对信息进行加工的方式主要有两种。一是相似关联，就是在大量手机用户数据的基础上，通过分析相似的行为习惯进行关联推荐。比如，在日常生活中我们通过大数据分析 A、B 两位互不相识的人在网络上的浏览记录，包括"性别、年龄、喜欢的颜色、喜欢的明星、爱买的东西、爱去的地方"等，发现 A 和 B 有很多相似之处，我们就可以将 A 喜欢购买的东西推荐给 B。二是隐式搜索，就是根据关键词主动推送，如你在某个软件上搜索了关键词"科学"，那么大数据就会挑选关于"科学"的相关信息、数据主动推送给你，同时获取你的兴趣数据。

利用人工智能技术对信息进行加工的范围更广泛，主要有图像识别、指纹识别、语音识别、手写识别、文字识别、机器翻译和智能代理等。

2. 数字技术推动了学习变革

数字技术拓展了学习者的学习空间，丰富了学习资源，加强了线上与线下学习的融合，重新塑造了教与学的互动，改变了学习者的学习过程即信息加工过程。数字化学习具有个性化、敏捷化、沉浸化和共享化的特点。个性化使得学习者可以根据个人的职业发展方向、兴趣爱好来选择学习内容和学习方式。敏捷化使得学习者可以在任何时候、任何地点学习任何内容。沉浸化是指通过沉浸式的学习环境，使学习者更投入学习过程中，提升了学习的主动性。共享化打破了组织内部横向与纵向的壁垒，使学习者通过知识共享获取第一手学习资料，体验"协作共享、共同成长"的学习文化。每一种学习方式，都具有不一样的信息加工过程。数字技术在教育中的应用推动了学习者体验式学习、智能化学习和混合式学习的开展。

（1）体验式学习。虚拟现实技术、可穿戴技术与网络技术结合在一起，可以让学习者通过穿戴设备直接体验到新的学习空间，把整个学习资源变得更立体。

（2）智能化学习。大数据的发展，使得学习者一旦登录到在线学习空间，在线教育平台就可以刻画出学习者的学习过程和学习行为，发现学习者学习结果与教学目标的差异，预测学习者需要弥补哪些方面的知识，哪些资源适合学习者学习。在基于大数据分析的基础上，让精准式、智能化学习成为可能。

（3）混合式学习。现实和虚拟学习环境互相交织，网络技术、智能技术日趋成熟，为线上线下混合学习创造了条件。在全新的数字化学习环境中，学习者不仅可以在课堂上进行学习、交流和评价，还可以在网络环境中进行在线学习、交流和评价。

3. 数字技术改变了生活方式

数字技术在生活中的应用改变着人们的生活方式，并且已经渗透到我们生活的方方面面。我们点开手机里的购物软件，就可以自行选购心仪的衣服鞋子，还能在观看直播的同时进行购物；做饭时点开手机里的买菜软件，就能选购食材，还能享受半小时之内的配送到家服务；出门旅游时点开手机里的智能导航软件，就能获取最快速的

数字技能

出行方案。数字技术普及后，患者通过相关小程序就能快速挂号就医，就诊完后通过小程序就可以付费，并且在线就能查看检查报告。数字技术不仅规范了医院的管理，还节省了患者的时间，一举两得。

数字技术不仅改变着我们的生活方式，同时也在改变着我们的工作方式。以前求职，需要跑招聘会，看报纸、杂志，来筛选自己心仪的工作，还要打印纸质版简历，亲自去现场投递，进行现场面试，效率低下。随着数字技术的普及，出现了许多基于云计算的招聘软件，我们随时随地都可以筛选心仪的岗位，在线投递简历，在线沟通，线上面试，整个流程便捷又快速。日常办公时，不同地区的人员以前只能通过电话、邮件等形式进行沟通，重要的会议还需从各地去往会议现场，时间、交通成本都不低。随着数字技术的普及，各类云上会议办公软件得到广泛应用，可以随时随地发起和参与会议，在线会议逐渐成了一种新的办公方式。

 总结与情景拓展

总结

通过以上学习，我们了解了信息加工的重要性和一般流程，也体验了数字技术给学习、生活带来的变革。

应用情景拓展

在不知不觉之中，数字技能已经给我们的学习、工作和生活带来了巨大的变化，它可以让生活更加便利、智能，让信息实现互通、共享，让工作效率大大提升。未来会有更多的数字技能的应用情景出现或被开发，让更多人能够享受数字技能、数字经济带来的发展红利。

第 2 章

数字获取能力

数字技能

某公司计划近期在策划一期户外徒步活动，该任务由人力资源部负责，人力资源部王部长对该工作进行了部署，由职员小吴负责户外徒步活动策划工作，可小吴是一名刚毕业的新员工，她需要事前完成徒步活动的信息收集、查找相关资料和素材、辨别素材的真伪，为后续的活动策划做好准备工作。如果你是小吴，你将如何有效获取活动前期资料呢？

在现代社会中，对于数字信息的有效获取能力是一个人最基本的能力。资源搜索、专业数据搜索、图片搜索、影音搜索等实用的搜索技术有利于我们更方便、快捷、准确地得到自己所需查找的信息，常被用于制作方案、撰写文稿、准备材料及汇报等的前期工作。根据工作场景，为了更好地查找资料、搜索信息，我们在常用的中文搜索引擎的基础上，提供了全面、专业的搜索引擎，使得资料查找更准确、快捷。

通过完成本次任务，我们将具备以下能力。

1. 能够使用不同的搜索引擎获取所需的信息及特殊字体。
2. 能够通过专业的数据搜索引擎查找准确的统计数据。
3. 能够通过专业的图片搜索引擎搜索无版权争议的图片。
4. 能够通过专业的影音搜索引擎搜索音视频素材。
5. 能够对收集到的信息进行甄别，并能识别谣言和诈骗信息。

第 2 章 · 数字获取能力

第 1 节　搜索实用技能

学习情景

为了更好地完成公司户外徒步活动策划，人力资源部召开了前期的准备会议，小吴作为人力资源部职员，为了提高工作效率，打算针对不同的资料和信息的收集，采用不同的专用搜索引擎，来获取户外徒步活动策划的撰写模板、徒步活动的相关电子资料以及视频、音效等数字资源。如果你是小吴，你将如何开展这项工作呢？

核心要素

综合搜索引擎是指用于综合性的各类数字信息查找的搜索引擎，如百度、搜狐、新浪、网易、中搜等搜索引擎。与此相对应的是只针对某一特定类型或领域、具有某种特征的信息进行查找的搜索引擎，称为垂直搜索引擎。根据工作情境，为了更好地获取需要的信息，可以使用综合搜索引擎查找方案模板，使用垂直搜索引擎查找个性化字体、视频音效等，以达到信息收集的目的。

通过完成本次任务，我们将具备以下能力。

1. 能够通过百度搜索所需的方案模板或范文。
2. 能够通过特殊字体搜索获取个性化字体。
3. 能够通过数据搜索获取某品牌的指数数据。
4. 能够通过视频网站搜索视频音效数据。

一、资源搜索实用技能

微故事导入

小吴计划制作一份徒步活动策划，由于是一名新手，因此她决定用搜索引擎来处理这个问题，围绕"户外徒步活动策划"这一中心词进行搜索，寻找"徒步活动策划"相关的范文，了解同类型公司徒步活动的呈现效果，以及针对本次徒步活动文案搜寻个性化的字体。

1. 中文搜索引擎

中文搜索引擎指的是中文类资源的搜索引擎，如百度、搜狐、新浪、网易、中搜等，属于综合中文搜索引擎，可用于综合性的各类数字信息的查找。本书以"百度"搜索引擎为例进行讲解。

（1）在浏览器地址栏打开百度网址 www.baidu.com，进入百度搜索引擎页面。

（2）在百度搜索框中输入关键字"徒步活动策划文稿"，点击搜索框右边的"百度一下"按钮，或按键盘上的"Enter"回车键，就可找到一系列与徒步活动策划相关的范文，如图 2-1-1 所示。

图 2-1-1　通过关键字进行综合性搜索

（3）获取 PPT 文件类型的搜索信息。在搜索框关键字"徒步活动策划文稿"后添加 filetype：ppt，点击"百度一下"按钮，可搜寻到与"徒步活动策划文稿"相关的 PPT 格式文件。选择"徒步活动策划方案 ppt_图文－百度文库"，点击进入（见图 2-1-2），即可快速搜索到与徒步活动策划相关的 PPT 文稿；点击该页面右下方的"单篇下载"，即可获取该策划方案的 PPT 文稿信息。

图 2-1-2　PPT 文件类型的搜索信息

（4）获取 Word 文件类型的搜索信息。在搜索框输入关键字"徒步活动策划文稿"后添加 filetype:doc，可搜寻到与"徒步活动策划文稿"相关的 doc 格式文稿，如图 2-1-3 所示。点击"徒步活动策划方案（精选 4 篇）- 百度文库"进入，即可快速搜索到与徒步活动策划相关的 Word 文稿，可以发现已搜索到 15 篇与徒步活动策划相关的 doc 格式的文稿；选择需要的方案进行下载。

图 2-1-3　Word 文件类型的搜索信息

2. 网盘搜索

网盘是由互联网公司推出的在线存储服务，常用的有百度网盘、小白盘、盘搜、网盘搜、盘多多等服务提供商。网盘向用户提供文件的存储、共享、访问、备份等文档管理功能。用户可以通过软件或 App 管理、编辑网盘里的文件。网盘资源一般是经过人工筛选并整理的，资源质量较高，并且资源比较稳定。

网盘搜索，就是搜索他人筛选、整理、存储在云盘中并公开分享的信息。本书以百度网盘为例进行讲解，通过网盘搜索，收集并获取与"徒步活动"相关的信息，用于为策划该活动寻求更多的参考信息。

（1）在手机中下载并安装"百度网盘"App。打开"百度网盘"App，搜索框中输入关键字"徒步"，点击搜索框右边的"搜索"按钮，再点击"查看全部"，就可找到与"徒步"相关的音乐、文档、软件、图片、视频等文件类型信息，如图 2-1-4 所示。

（2）在搜索到的文件中，即可选择所需要的视频资源。

（3）点击所需要的视频资源，可查询到该徒步活动视频的百度网盘资源以及提取码。点击"复制提取码跳转"，进入"保存"及"下载"页面（见图 2-1-5），点击"保存"，将该视频存于个人网盘中。

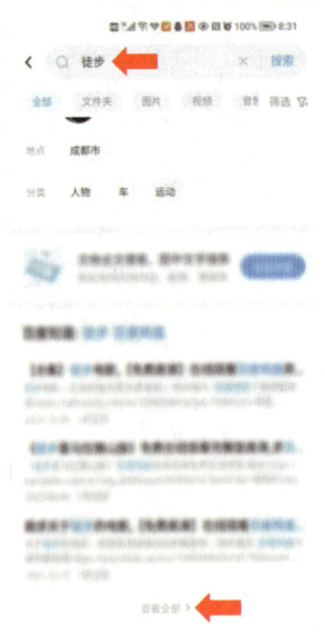

图 2-1-4 "百度网盘"App 搜索

图 2-1-5 百度网盘保存

（4）在计算机端百度网盘软件中，也可查看到该视频内容，并进行下载，如图 2-1-6 所示。

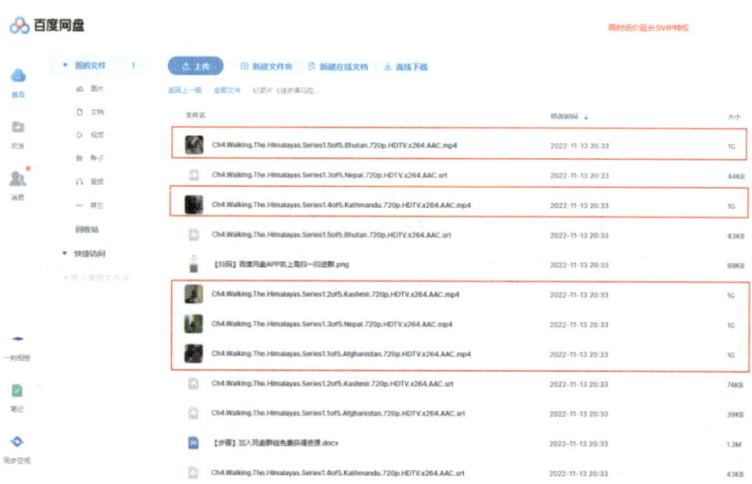

图 2-1-6　徒步活动视频下载

3. 特殊字体搜索

特殊字体搜索是制作个性化文案必备操作之一，通过搜索，可以将网站上或广告牌中看到的特殊字体用于自己编辑的个性化文案或 PPT 中。本书选择"识字体"网进行讲解。通过搜索获取字体文件，并将该字体文件安装于 Windows 系统字体文件夹，用于制作策划文稿。

（1）选择所需字体的图片。将含所需字体的网页截图或将含所需字体的广告牌文字拍照，将该图片保存为 PNG 或 JPG 格式的图片文件，如图 2-1-7 所示。

图 2-1-7　获取含所需字体的图片

（2）进入浏览器主页，在浏览器地址栏输入"识字体"网的网址：https://www.likefont.com/（见图 2-1-8），点击"本机图片"，再点击"上传图片"。

图 2-1-8 "识字体"网网站

（3）找到第一步中包含"山呼海啸"特殊字体图片文件，点击"打开"上传字体图片，如图 2-1-9 所示。

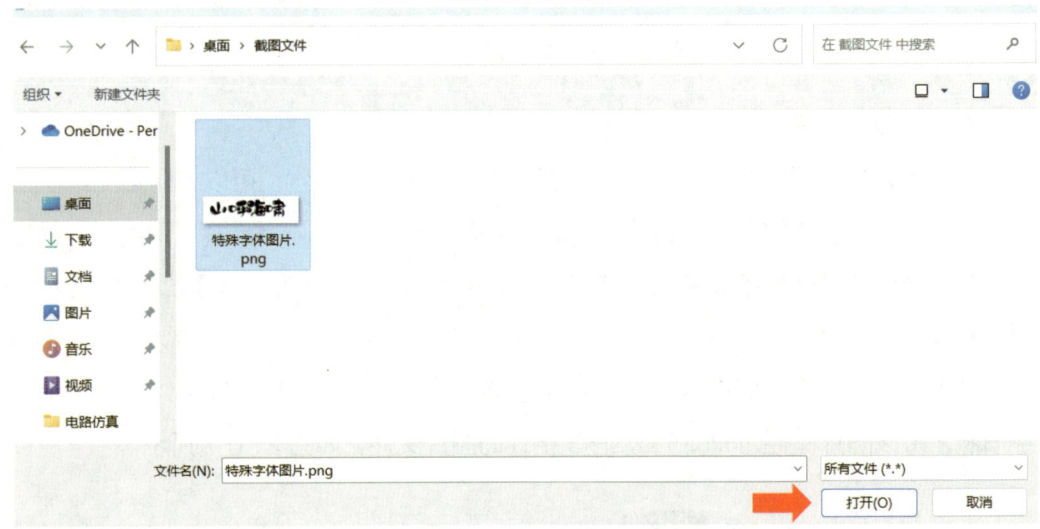

图 2-1-9 上传特殊字体图片

（4）系统自动将"山、呼、海、啸"4 个字分别进行了识别，如图 2-1-10 所示。在"拼写并识别"栏中，可以看到"呼"字与"海"字识别有误，拖动方框 2 与方框 3，合并为"呼"字。采用同样的方法，拖动方框 4 与方框 5，合并为"海"字。

（5）手动校验汉字。在每一个特殊字体下，输入对应的校验汉字（见图 2-1-11），点击"立即识别"。

（6）在"预览识别结果"中，共找到 7 个类似字体，可选择相似度为 84.5% 的"锐字温帅小可爱简"，并下载字体文件于计算机桌面，如图 2-1-12 所示。

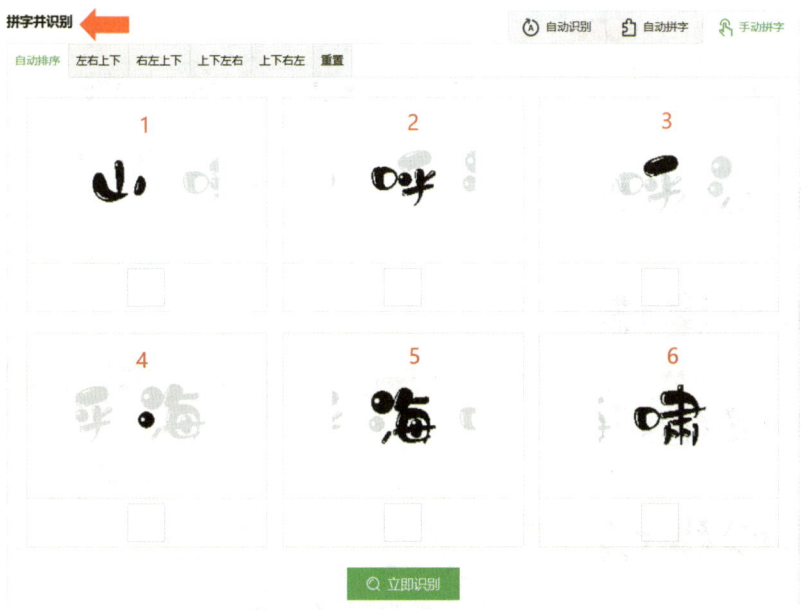

图 2-1-10　自动识别字体

图 2-1-11　对自动识别汉字手动校验

数字技能

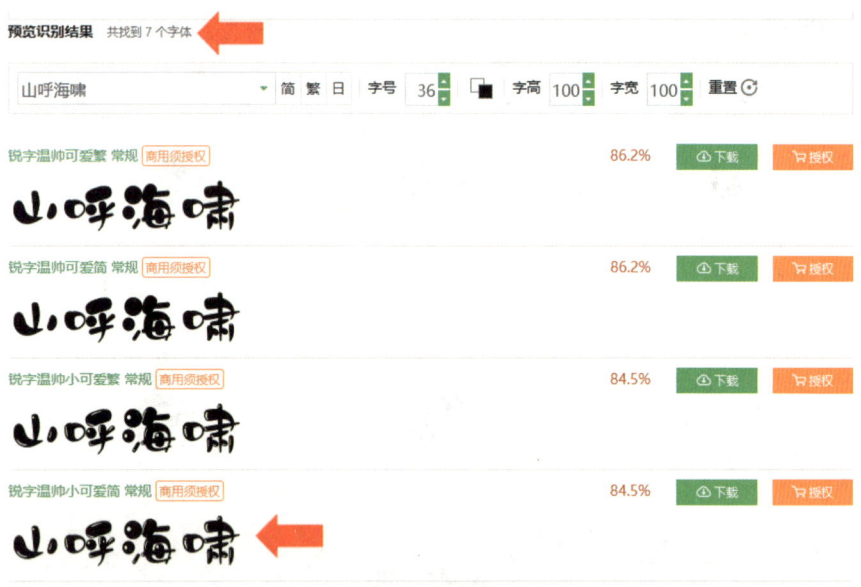

图 2-1-12　下载特殊字体

（7）下载的字体文件后缀名为 .ttf，如图 2-1-13 所示。

图 2-1-13　特殊字体文件

（8）完成字体导入。将该字体文件复制到路径为"C:\Windows\Fonts"的文件夹中，如图 2-1-14 所示。

（9）应用该字体。在编辑徒步活动文案时，就可以调用该字体了。打开 WPS Office 软件，创建一个空白文档。在字体栏选择"锐字温帅小可爱简"字体，如图 2-1-15 所示，在文案撰写时就能应用该特殊字体，并且在该计算机系统中就会增加这种字体，无论是 Microsoft Office 还是 WPS Office 等其他办公软件，均可应用该字体进行文档编辑。需要注意的是，有些字体属于有版权保护的收费字体，我们需要支付相关的授权使用费后，方可使用。

30

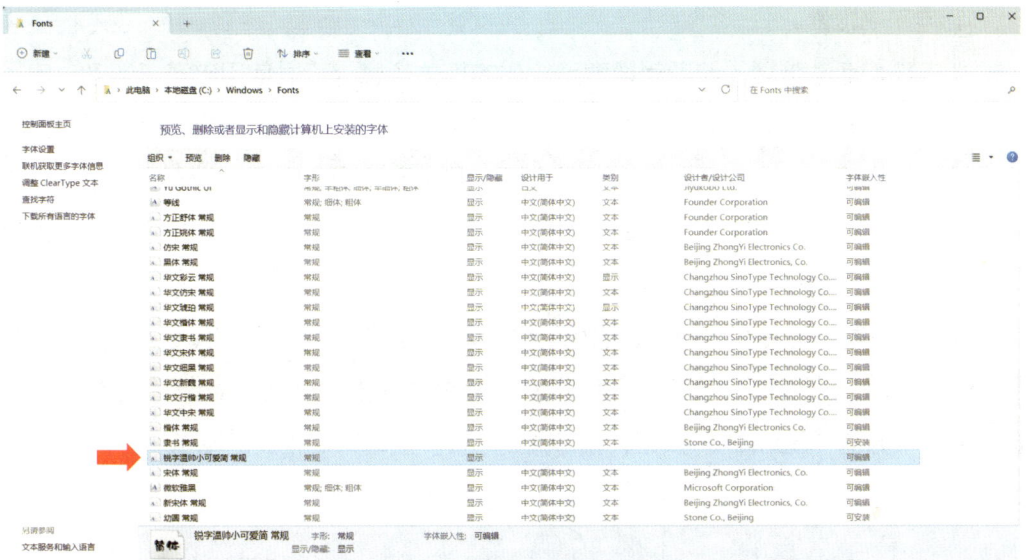

图 2-1-14　字体导入操作系统

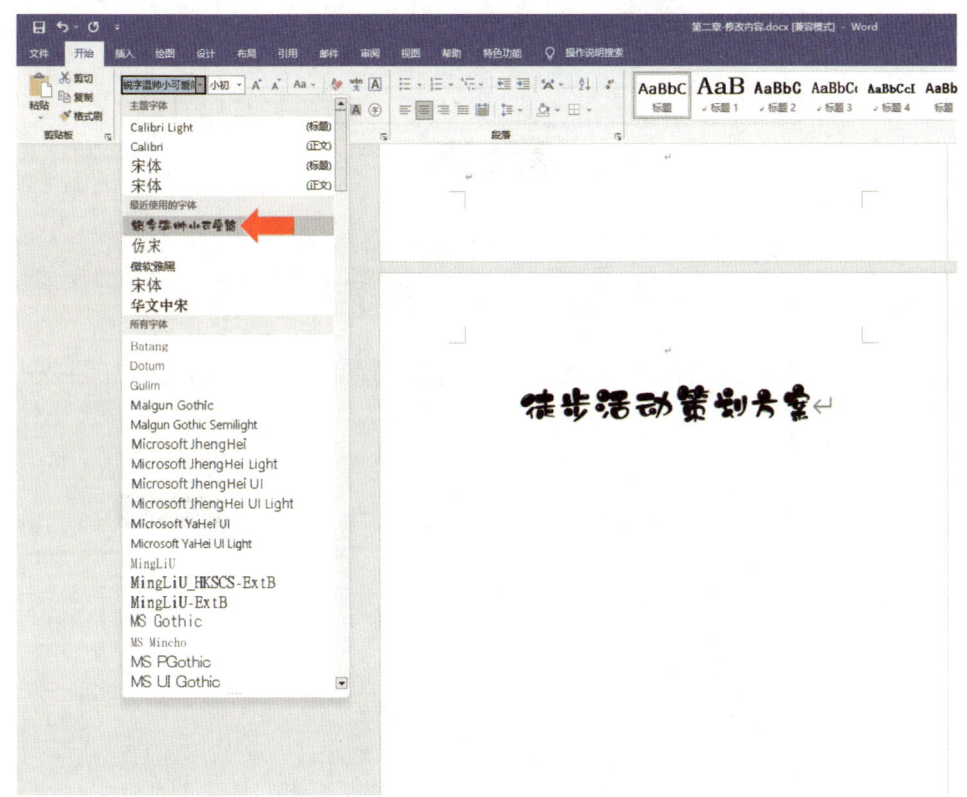

图 2-1-15　应用特殊字体

4. 电子书搜索

关于徒步活动策划，若期望搜索系统化的相关信息，可以使用电子书搜索。电子书搜索可使得获取的信息更加系统化。电子书搜索有高校图书馆的数据库，如超星、京东读书等，但部分内容要付费。这里介绍一款免费的中文电子书搜索引擎——"鸠摩搜索"，从该搜索引擎中可找到各种格式、版本的电子书，并且这些电子书可在百度网盘、新浪微盘等网盘中免费下载。

（1）进入浏览器主页，在浏览器地址栏输入"鸠摩搜索"的网址 www.jiumodiary.com/，打开鸠摩搜索（见图2-1-16），在搜索框中输入关键字"徒步活动策划"，点击搜索框下方的"Search"按钮，就可找到与徒步活动策划相关的电子书。

图2-1-16 "鸠摩搜索"网页

（2）选择"千人徒步活动策划.ppt"，即可获取成熟的活动策划案例，如图2-1-17所示。

图2-1-17 获取搜索内容

拓展阅读 百度、搜狐、新浪、网易、中搜等，属于综合搜索引擎，可用于综合性的各类数字信息的查找。而网盘搜索、特殊字符搜索、电子书搜索等，只搜索某一特定类型、某一特定领域、某种特征的信息，相对于综合搜索而言它们统称为垂直搜索。垂直搜索可用于专门领域内的搜索引擎，在整个搜索过程中，能实现精准搜索，并且无广告干扰。

二、专业数据搜索实用技能

小吴在徒步活动策划中，想了解徒步鞋目前的社会关注度，筹划是否为某一款徒步鞋做代言，并且搜索哪类人群对徒步鞋的关注度更高，以便为策划收集更多的可靠数据信息。

1. 网络指数数据搜索

网络指数是指每一次使用某一搜索引擎搜索相关信息后，该搜索引擎就会将搜索的痕迹记录下来，久而久之，就形成了大数据，然后基于这些大数据和相关算法，就形成网络指数。网络指数有百度指数、微信指数、微指数、谷歌趋势、360 趋势、搜狗指数、爱奇艺指数等，本书以百度指数为例进行介绍。

（1）进入浏览器主页，在浏览器地址栏输入网址 https://index.baidu.com/v2/index.html#/，打开百度指数。

（2）在搜索栏中输入"徒步鞋"，点击"开始探索"，可以看到指数数据，如图 2-1-18 所示。

（3）在对比栏中点击"添加对比"，输入"运动鞋""劳保鞋"等不同用途的鞋可进行对比搜索。点击"确定"，可以看到组合以及每类鞋的关注指数数据和曲线，如

图 2-1-19 所示。从图中可以看出，默认显示最近一个月的数据，徒步鞋的关注指数用蓝色线显示，运动鞋的关注指数是绿色，劳保鞋的关注指数是橙色。

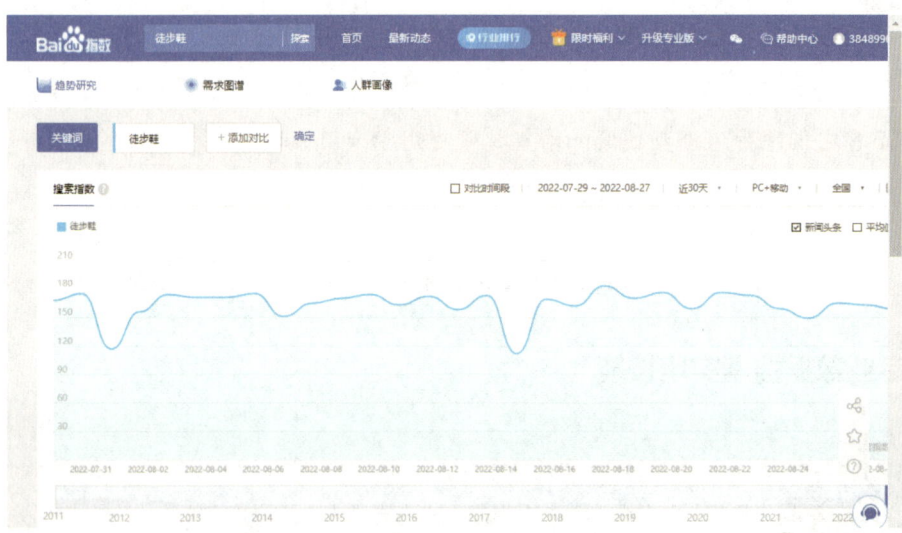

图 2-1-18　百度指数网"徒步鞋"搜索结果

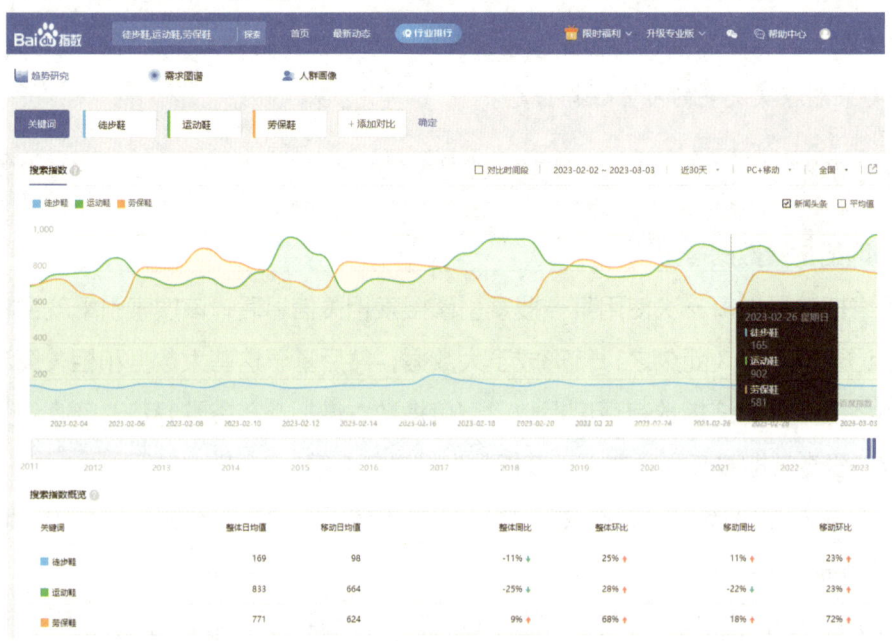

图 2-1-19　最近一个月的指数对比

（4）拉动时间区间标尺，设定为2019年至今，可呈现三年内的关注指数对比，如图 2-1-20 所示。

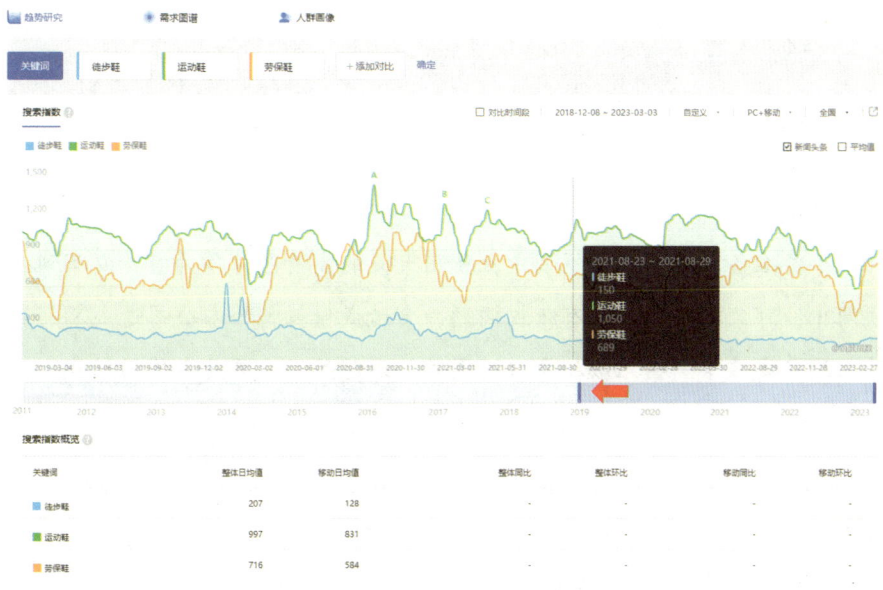

图 2-1-20　近三年的指数对比

（5）点击"人群画像"，可以搜索到不同地区、不同性别和不同年龄对三类鞋的关注度。

2. 统计数据搜索

国家统计局网站不仅提供数据查询，而且可以通过导航的方式查找数据，同时提供《中国统计年鉴》的在线浏览网址 https://data.stats.gov.cn/，如图 2-1-21 所示。

图 2-1-21　国家统计局网站

国家统计局提供全国性、较为宏观的地区、行业数据，更为细化的地区、行业数据可以在各省市统计局网站或各部委网站查找。每个国家都有类似的统计机构，在这些机构的网站上一般都能找到该国的统计数据或数据查询的入口。

全球性的统计数据可以从世界银行、国际货币基金组织、联合国等一些国际性组织的网站上查找。

三、图片搜索实用技能

小吴准备在徒步活动策划中，使用大量的高清图片作为宣传发布到互联网中，可又担心图片具有版权问题，会造成侵权，给本公司造成不利影响，她需要搜索一些无版权争议的图片，同时她还需要为本次活动找到一个合适的图标。

1. 免版权图片库搜索

免版权图片库符合知识共享许可协议（creative commons license），即符合CC0协议，是指作者已将该作品献给公有领域，并已放弃世界上所有版权法范围内的作者对该作品的所有权以及所有法律允许范围内的相关邻接权。CC0协议的基本理念是：创作者把作品的版权共享给全世界，自己不再持有版权。通俗理解为基于CC0协议的图片，可以随便使用，随便修改，无须他人授权，也无须付费。这里介绍一款基于CC0协议的中文免版权图片库。

（1）进入浏览器主页，在浏览器地址栏输入网址 https://colorhub.me/，进入CC0协议的免版权图片库页面，如图2-1-22所示。

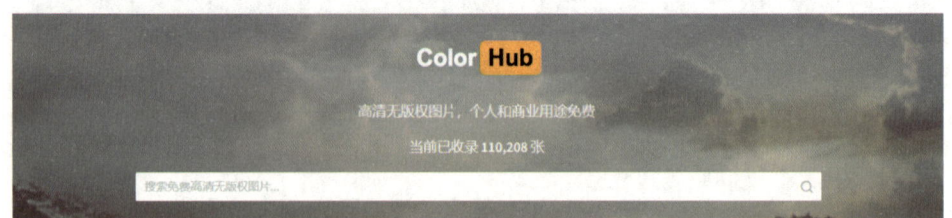

图2-1-22　免版权图片库页面

（2）在搜索框中输入关键字"徒步"，点击搜索框右边的放大镜图标按钮，或按键盘上的"Enter"回车键，就可找到与"徒步"相关的高清图片，如图2-1-23所示。网站中显示共搜索到1 800张与"徒步"相关的图片，点击"筛选"中的"选择图片宽高比"，可筛选出特定宽高比比例的图片。

图 2-1-23　免版权高清图片

（3）选择图片下载。图片下方会显示该图片的尺寸及大小，点击右边框"免费下载"按钮，选择图片尺寸，下载图片，如图 2-1-24 所示。

图 2-1-24　高清原图下载

数字技能

> **拓展阅读**　免版权图片库还有很多不同的资源库。例如，pixabay 拥有近十万张高清免版权图片，并可按照颜色进行搜索，网址为：https://pixabay.com。还有世界最大的图片分享网站 wallpaper，拥有高达 140 多万张的免费图片，网址为：https://wallpaper.com。

2. 图标图库搜索

图标图库广泛用于 PPT 制作、网页制作和 App 开发当中。本书选取 iconfont 图标库搜索引擎进行讲解，它是阿里巴巴公司旗下的知名图标库。

（1）进入浏览器主页，在浏览器地址栏输入 iconfont 图标库网址 https://www.iconfont.cn/，如图 2-1-25 所示。

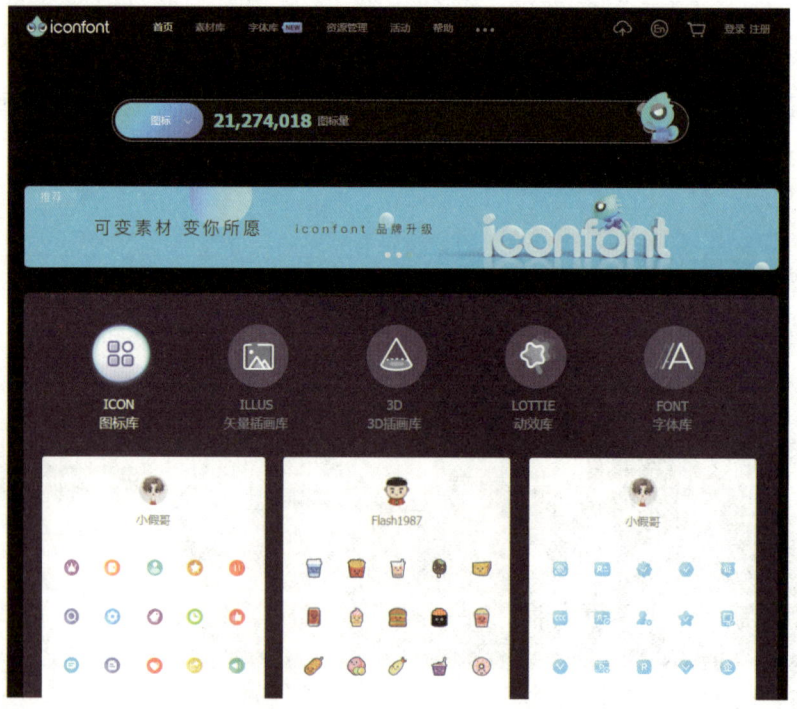

图 2-1-25　iconfont 图标库搜索引擎

（2）在搜索框中输入关键字"徒步"，类别选择图标，然后按键盘上的"Enter"回车键，就可找到与"徒步"相关的图标。

（3）选择图标。将鼠标放到某一款与"徒步"相关的图标上，会显示三种不同的选项，分别是加入购物车、收藏、下载，如图 2-1-26 所示。选择"加入购物车"可以实现批量下载，选择"收藏"后再次登录可迅速从"收藏"中找到该图标。

图 2-1-26　选择图标

（4）下载图标。点击"下载"图标，进入下载编辑页面，如图 2-1-27 所示。可以对该图标进行二次编辑，更换不同颜色，网站提供了三种下载格式，分别是"SVG 下载""AI 下载""PNG 下载"，选择需要的格式的按钮，点击后即可完成图标下载。

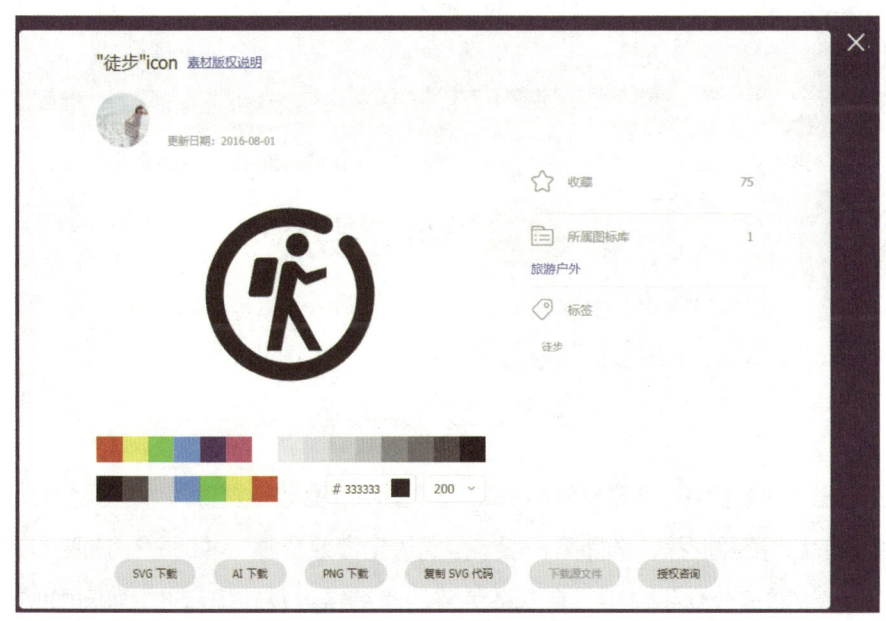

图 2-1-27　"下载"图标

四、音影搜索实用技能

在完成了先前一系列资料搜集后，小吴还计划给自己徒步活动策划的PPT配上一段音效，增加PPT展示效果。她准备从两方面入手：一方面，寻找音效素材，将其融入PPT页面切换音效中，她决定用音效素材搜索来解决这个问题；另一方面，寻找与徒步活动相关的影视素材，将其用于PPT画面当中，她决定用影视素材搜索完成该任务。

1. 音效素材搜索

与声音相关的搜索，大家接触最多的应该是音乐搜索，实际上还有一种声音搜索正在被越来越多的人使用和关注，这就是音效素材搜索。

（1）进入浏览器主页，在浏览器地址栏输入"搜狗搜索"的网址 https://www.sogou.com/index.php，打开搜狗搜索，再点击"微信"选项，如图2-1-28所示。

图2-1-28 搜狗搜索

（2）在搜狗微信中，搜索栏输入关键词"国内 音效 资源"，点击"搜文章"选项，会出现音效资源推荐，选择第一项"全网最全音效资源"，如图2-1-29所示。

（3）在该微信公众平台中，有众多免费的声音特效及转场音效，如动物的、卡通的、运动的等多媒体音效等，并提供了百度网盘的下载地址。通过该方式，可以选取合适的音效资源，作为PPT页面切换时的转场音效。

图 2-1-29　选取相应内容

2. 影视素材搜索

互联网上的影视资源规模巨大，内容丰富，来源多样。影视素材的搜索可采用多种方式，以哔哩哔哩（bilibili）、优酷视频、腾讯视频、搜狐视频等为代表的视频平台占据在线视频的大部分市场。本书选择"bilibili 影视搜索"进行讲解。bilibili 网站是一个视频网站、直播平台、漫画平台，中文名叫哔哩哔哩，由于它的英文名字开头字母是 B，也称"B 站"，是国内非常有名的视频播放平台和交流社区。

（1）进入浏览器主页，在浏览器地址栏输入"B 站"网址 https://www.bilibili.com/，打开搜索页面，在搜索栏输入"徒步"，点击右边的放大镜图标按钮，如图 2-1-30 所示。

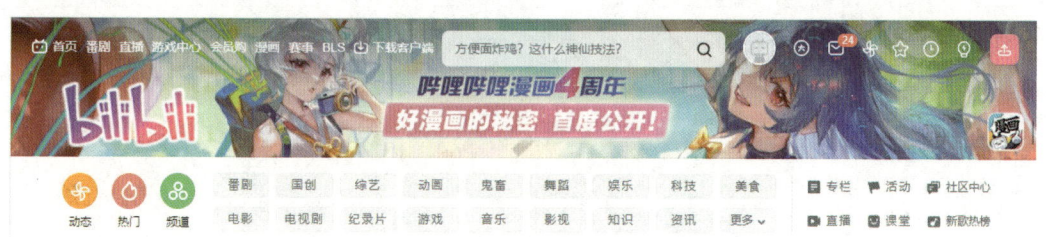

图 2-1-30　影视垂直搜索引擎

（2）搜索结果页面显示出与"徒步"相关的视频资源有 99 个以上，其中番剧资源有 1 个，影视资源有 13 个，直播资源有 1 个，专栏有 99 个以上，如图 2-1-31 所示。

（3）通过"B 站"垂直搜索引擎，可以找到多个影视搜索结果，点击相关视频的"立即观看"按钮，可以实现在线播放。部分视频资源需成为注册会员才能观看完整版本，但该视频资源未能提供下载功能。针对搜索到信息而未能下载的问题，将在本章第二节"信息获取与甄别"中进行讲解。

数字技能

图 2-1-31 "徒步"资源搜索结果

 总结与情景拓展

总结

通过以上学习,我们对如何进行资源搜索、专业数据搜索、图片搜索和影音搜索有了初步的认识,能够在不同的工作场景下对文本、图像和音视频等信息进行整合与重构。

应用情景拓展

小吴在工作中,经常会处理文本、图像和音视频等信息,请你利用学习到的方法,根据自己的工作实际,解决工作中的常见问题吧。

第 2 节　信息获取与甄别

学习情景

为了更好地完成公司户外徒步活动策划，人力资源部小吴前期做了大量的信息查找与信息搜索工作，并有针对性地找了很多文本、图像和音视频。虽然这些资料信息在网站上能顺利播放，可是却无法下载到自己的计算机中。如何获取该信息，让小吴十分苦恼。同时，对于网络上这些信息的真伪，小吴也无法甄别，那么她该怎么办呢？

核心要素

文本、图像及音视频文件获取、信息甄别等实用技能有利于我们更方便、快捷、准确地得到自己所需查找的信息，这些技能常被用于撰写文稿，准备材料及汇报等工作中。

通过完成本次任务，我们将具备以下能力。

1. 能够使用常用图片获取技能，迅速快捷地为活动策划演示文稿获取资料。

2. 能够使用音视频文件获取技能，为活动策划演示文稿准确收集音视频资料。

3. 能够通过"辟谣联盟""谣言粉碎机""谣言过滤器"等进行信息甄别。

一、文本及图片获取实用技能

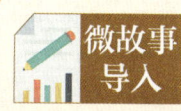
微故事导入

为了更好地完成公司户外徒步活动策划，小吴正认真地在网站上观看一段前期搜索到的户外徒步活动的视频，并发现有一帧视频画面非常适合

数字技能

用于自己的策划方案当中。小吴尝试采用多种方式获取该图片，她应该怎么办呢？

1. 屏幕截图技能

屏幕截图是一种快捷获取图片的方式。Windows 桌面系统自带快速截取屏幕图像的功能。图 2-2-1 所示是某网站关于徒步旅游的视频页面，采用屏幕截图的方法就可获取该页面图片。

图 2-2-1　某网站视频页面

（1）按键盘上的"Print Screen"或者"Fn+Print Screen"按键，实现计算机桌面截图。

（2）用鼠标点击桌面"开始"按钮，或按"Windows" ⊞ 按键。

（3）在"Windows 附件"中找到"画图"软件，如图 2-2-2 所示。

（4）点击"画图"软件图标，打开"画图"软件，按快捷键"Ctrl+V"，就可以把计算机桌面的截图粘贴进去，如图 2-2-3 所示。

图 2-2-2 "画图"工具位置

图 2-2-3 "画图"软件中显示截图

（5）点击"裁剪"选项，将视频图框选，然后再将鼠标放在该图片上，点击鼠标右键，选择"裁剪"选项，如图 2-2-4 所示。裁剪后的图片如图 2-2-5 所示。

图 2-2-4 裁剪截图

图 2-2-5 裁剪后的图片

（6）点击"文件"选项，在下拉菜单中选择"保存"选项，将文件保存到文件夹中（见图 2-2-6）。

（7）在该文件夹中，即可找到截屏的图片文件。

图 2-2-6　保存图片

2. 下载工具使用技能

下载工具使用技能可帮助读者一键下载多个文件。通过"搜狗"搜索关于"徒步策划方案"的 PPT，在当页共找到十余个相关内容的 PPT，如图 2-2-7 所示。现需要获取该页的所有 PPT。

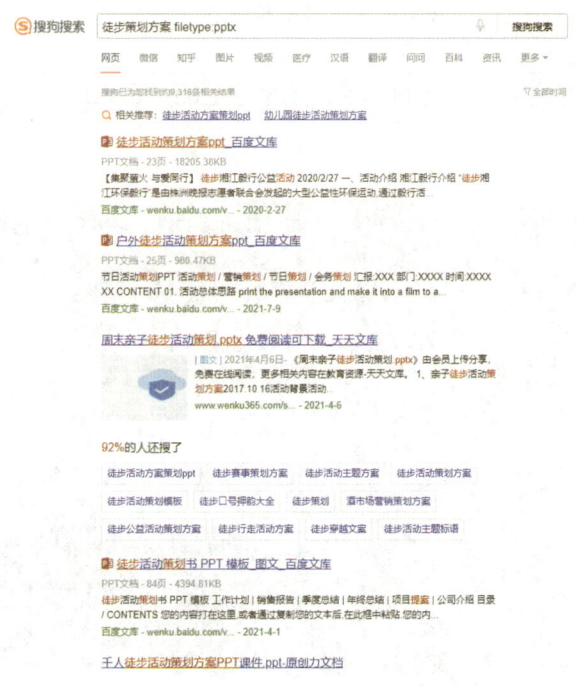

图 2-2-7　待下载页面

数字技能

本书介绍使用"迅雷"下载工具获取多个 PPT 文件的方法。

(1)在该网页页面中点击右键,选择"进入多选下载模式",如图 2-2-8 所示。

图 2-2-8　通过迅雷实现多选下载模式

(2)用鼠标左键框选需要下载的链接,按键盘上的"Enter"回车键开始下载,如图 2-2-9 所示。

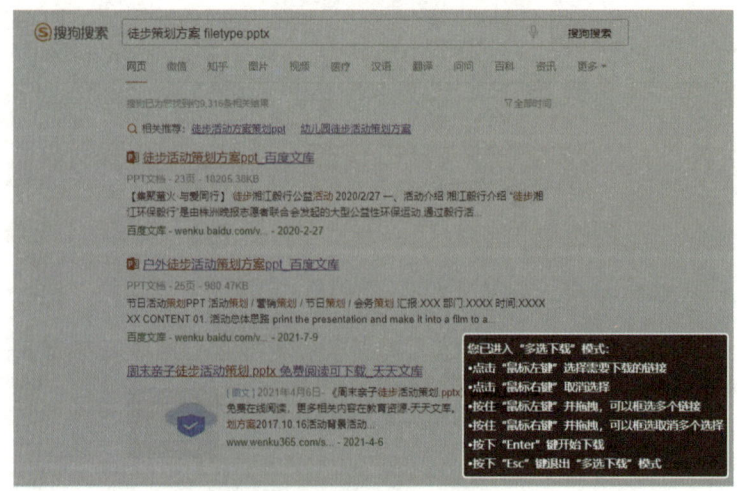

图 2-2-9　用鼠标左键框选下载文件

（3）出现"新建下载任务"框，选择"ppt"和"pptx"两个选项，点击"立即下载"，如图 2-2-10 所示。

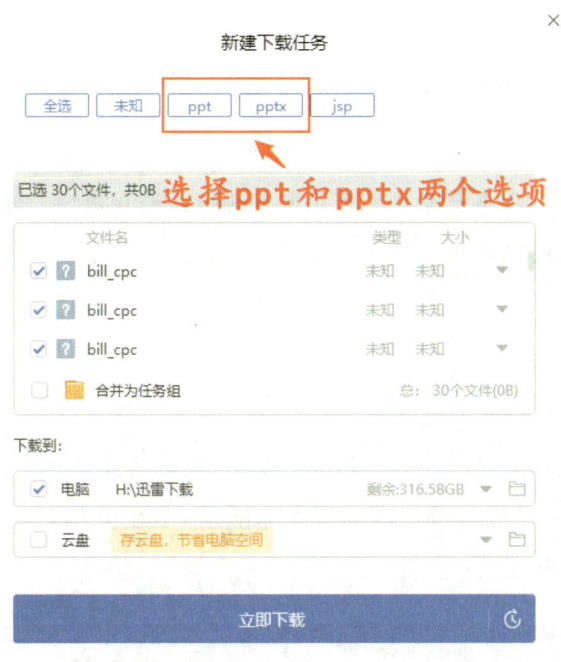

图 2-2-10　"新建下载任务"框

（4）在"迅雷下载"文件夹中，就是一次性下载的所有 PPT 文件，如图 2-2-11 所示。

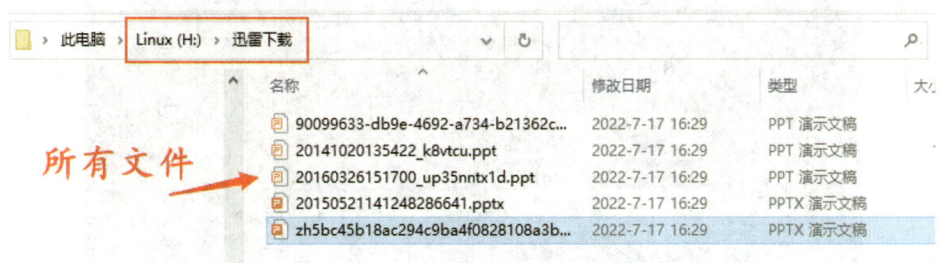

图 2-2-11　下载文件存储地址

二、音视频文件获取实用技能

小吴准备在徒步活动策划文稿中插入几段音视频文件。为了提高工作效率,她打算利用一些技术来获取宣传视频的音视频文件。如果你是小吴,你将如何获取呢?

1. 视频下载网站介绍

对于不支持"右键另存"下载方式的视频,可以考虑使用一些专门的视频下载网站,如优酷视频、腾讯视频等。本书以优酷视频(https://youku.com/)为例进行讲解,如图2-2-12所示。

图2-2-12 优酷视频下载网站

(1)在搜索框中输入"徒步",点击搜索按钮,如图2-2-13所示。

图2-2-13 优酷视频搜索"徒步"资源

（2）选择其中一项与徒步相关的视频内容，点击左下角的"下载"按钮，选择"打开优酷电脑客户端下载视频"，自动跳转进入优酷客户端，如图 2-2-14 所示。

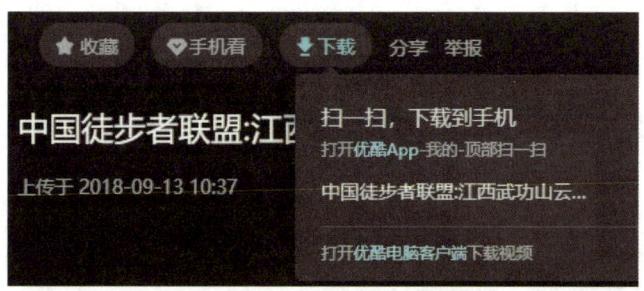

图 2-2-14　进入优酷客户端

（3）点击右上角的"下载"按钮，弹出下载选择框，在选择框中选择正在播放的视频，点击"开始下载"，即可获得视频内容。

2. 本地缓存查找技能

在线播放视频后，视频文件一般都会自动下载到计算机中，放在浏览器的缓存文件夹中。不同的浏览器有不同的缓存地址，可以查看浏览器的设置，也可以在网上搜索不同浏览器的缓存位置进行查找。

3. PC 和手机录屏技能

当前面介绍的这些方法都无法奏效时，可采用 PC 和手机录屏。

（1）PC 录屏。本书以录屏软件"EV 录屏"为例进行讲解。

1）复制网址，从浏览器搜索进入官网 https://www.ieway.cn/，根据计算机系统选择下载安装对应版本，如图 2-2-15 所示。

图 2-2-15　"EV 录屏"软件

数字技能

2）进入"EV 录屏"软件页面，完成基础操作，修改录屏文件的默认存储位置，如图 2-2-16 所示。

图 2-2-16　设置录屏文件存储位置

3）设置录制视频区域和录制音频（如果只需要录屏，不需要音频，建议选择"仅系统声音"选项，避免环境噪声干扰），如图 2-2-17 所示。

4）开始录制。点击"录制"按钮开始录制，如图 2-2-18 所示。

5）将鼠标悬停在悬浮球上，可以选择暂停录制或结束录制，如图 2-2-19 所示。

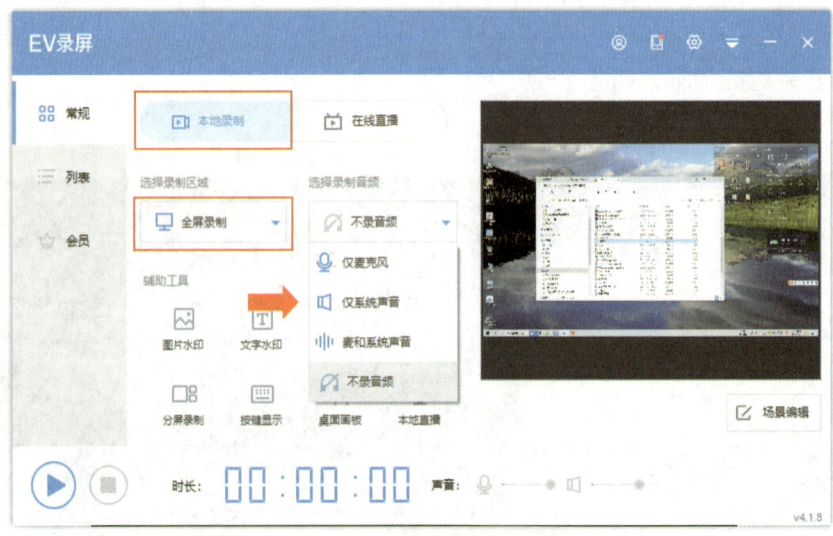

图 2-2-17　选择录制音频

图 2-2-18 开始录制

（2）手机录屏。本书以华为手机为例进行讲解。

1）在华为手机的主页面下（见图 2-2-20），在主屏幕右上角下划调出悬浮窗，出现"控制中心"页面，如图 2-2-21 所示。

2）打开手机的控制中心之后，点击页面右上方的编辑标识，如图 2-2-21 所示。

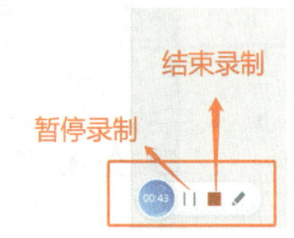

图 2-2-19 录制的暂停与结束

图 2-2-20 华为手机主页面

图 2-2-21 华为手机"控制中心"

3）在弹出的菜单选框中，选择"编辑快捷开关"选项，将"编辑快捷开关"页面打开之后，在列表中找到"屏幕录制"快捷开关，按住图标并向上拖动，如图2-2-22所示。

4）把"屏幕录制"功能 添加到快捷开关中，点击右下角的"完成"按钮，如图2-2-23所示。

图 2-2-22 华为手机"编辑快捷开关"　　图 2-2-23 添加华为手机"屏幕录制"功能

5）要录屏的时候，调出控制中心，点击"屏幕录制"功能即可开始录屏，如图2-2-24所示。

图 2-2-24 华为手机录屏功能

三、信息甄别及自我隐私保护实用技能

在完成了前面一系列资料收集后,小吴搜索并获取了大量关于"徒步活动"的文本、图像、音视频信息,但对部分网络信息的真伪不太确定,那么应该怎么进行辨别呢?在搜索过程中,用户还经常会登录网站注册个人信息,又该怎样进行个人密码管理,保护自己的隐私呢?

1. 谣言识别技能

微信群、QQ 群中经常有人转发一些耸人听闻的"真相",如"塑料紫菜""香蕉致癌""含胶面条"等。真相大白之后,原来这些所谓的"真相"其实是谣言。谣言会扰乱市场秩序,造成极大的经济损失。本书将以腾讯的"谣言过滤器"为例,介绍如何进行谣言识别。

(1)在微信公众号搜索"谣言过滤器",并关注该公众号,如图 2-2-25 所示。

(2)点击"谣言过滤器"公众号对话框底部"谣言查询",如图 2-2-26 所示。

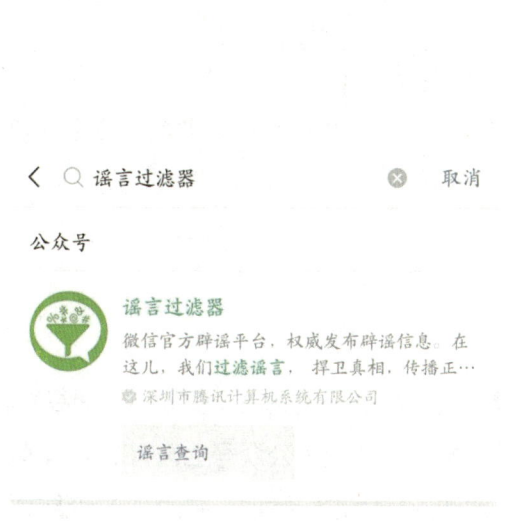

图 2-2-25 关注"谣言过滤器"公众号　　图 2-2-26 谣言查询

（3）点击顶部放大镜图标，即可进行搜索，如图2-2-27所示。在搜索框输入关键字查询，即可获取相应的谣言信息的真实情况。

图 2-2-27　搜索框输入关键字查询

拓展阅读　要想识别谣言可以多看书、多看科学类节目，(如央视的《是真的吗》、安徽卫视的《谣言终结者》、爱奇艺的《是谣言吗》等)，以提升自身科学素养。互联网上也有一些辟谣联盟，如新华社主办的"中国食品辟谣联盟"，上海市网信办、解放日报社、上海观察联合打造的"上海辟谣平台"等。

2. 诈骗信息识别技能

在搜索信息的过程中防止被骗，需要做到两点。一是关注诈骗套路，提高防骗免疫力。公安部门经常发布一些常见的诈骗招数，一些微信公众号上也有防范诈骗的常识。微信中的"腾讯卫士"小程序，可以对诈骗行为进行举报，并通过防骗课堂学习防骗知识。二是提高警惕，有疑问马上搜索。

（1）很多传销行为打着直销的旗号，如何区分传销与直销呢？用户可以登录"商务部直销行业管理"网站，如图 2-2-28 所示。在这个网站上，可以查询直销企业、直销产品和直销培训员。在企业名称一栏中输入待查公司名称，搜寻该公司是否在册，即可判断该公司是否为正规公司。

图 2-2-28　商务部直销行业管理网站

（2）识别传销还可以登录微信公众号"守护者计划"。该公众号是腾讯安全实验室提供的大数据反诈骗平台，通过这个平台，可以输入电话号码、银行卡、平台、网站进行搜索，一键识别传销、诈骗，并对传销和诈骗活动进行举报。

1）打开微信，点击右上角的"+"号，选择"添加朋友"，点击"公众号"，如图 2-2-29 所示。

2）在"搜索公众号"中，输入"守护者计划"进行搜索，如图 2-2-30 所示。

3）点击关注"守护者计划"公众号，如图 2-2-31 所示。

4）在主页面中，点击"找点帮助"，选择"手机号码鉴定"，如图 2-2-32 所示。

图 2-2-29　"添加朋友"页面

数字技能

图 2-2-30　搜索"守护者计划"

图 2-2-31　关注公众号

5）输入手机号，对陌生号码进行鉴别，以防止诈骗，如图 2-2-33 所示。

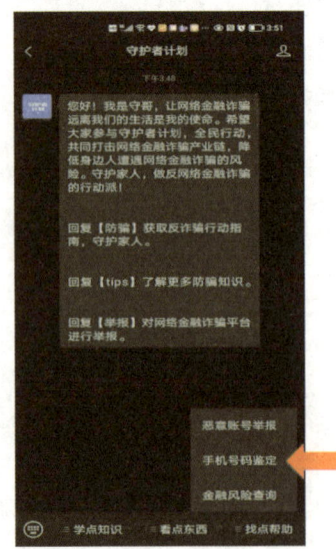

图 2-2-32　选择"手机号码鉴定"　　图 2-2-33　对陌生号码进行鉴别

58

3. 隐私保护与个人密码管理

信息时代个人隐私保护越来越难,个人隐私信息绝对不泄露很难实现,关键是要有隐私保护的意识,多了解可能泄露隐私的渠道。

保护隐私的搜索工具,如秘迹搜索(https://mijisou.com),如图 2-2-34 所示。这是一个元搜索引擎,从百度、bing 聚合搜索结果,完全保护用户隐私,不存储任何用户信息,而且可以匿名访问搜索结果,没有广告。

图 2-2-34 秘迹搜索不留痕

随着互联网的不断发展,很多 App、应用程序等都需要账号和密码,使用得越多,需要记住的账号、密码就会越多。若密码相同,则降低了安全性;若密码不相同,又不容易全都记住。那么如何管理这些账号和密码成了难题,下面介绍几种基本的账号、密码管理方法。

(1)无论是手机还是计算机,都有记事本工具,如图 2-2-35 所示。最简单的一种方法就是将密码记到记事本里,然后可以通过同步工具同步到计算机和移动设备上。这种账号、密码管理方法最简单,但安全性很低。因为账号、密码是明文保存,一旦黑客入侵获取了这份文件,或存放文件的硬件设备丢失损坏,用户都将失去所有的账号、密码,风险很大。

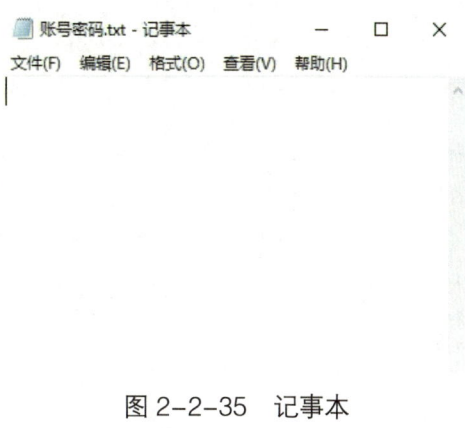

图 2-2-35 记事本

(2)360 浏览器和 Firefox 浏览器自带账号、密码的同步功能,可以保存登录过的账号和密码,登录的时候只要选择即可,不用重新输入。即使计算机系统被重装后,还是可以还原保存过的账号、密码,使用起来非常方便。不过,Chrome 浏览器和 Firefox 浏览器自带的密码管理器较为简单,黑客入侵并获得明文账号、密码也相对容易。同时，对于同一个网站，浏览器只能记录一个账号和密码，不可记录多个账号和密码。

（3）密码管理软件方便、实用，专为管理账号、密码而设计，可以对账号和密码进行分类管理，备份账号、密码时都以密文方式，不用担心会被他人所截取。如密码管理软件"闪灵密保"（见图2-2-36），在兼容性、易用性和安全性上都非常不错，并且提供免费版本，可以跨平台在Windows、安卓、IOS系统使用。数据可以进行本地备份和云备份，即可以备份到服务器上。同时，备份的数据都是经过加密处理的，无须担心泄露问题。

图2-2-36 "闪灵密保"密码管理软件

（4）除了免费开源软件之外，还有一些付费商业密码管理软件，如1Password、RoboForm等，这些商业软件提供30天免费试用，超过试用期后需要付费购买。

注意：重要的账号、密码最好还是记在自己的大脑里，一些级别相对较低的账号、密码可以使用工具管理，以减轻用户记忆负担，并保证账号、密码的安全性。

总结与情景拓展

总结

通过以上学习,我们学会了文本、图像、音视频文件获取和信息甄别及隐私保护的技能,能够利用相关软件方便快捷地获取文本、图像、音视频信息。

应用情景拓展

小吴在工作中,有时会接到为公司制作数字化内容的任务,请你利用学习到的技术,获取相应信息资源并甄别其真伪吧!

第3章 数字信息处理能力

数字技能

学习情景

某公司计划在近期召开公司年会，领导交给宣传部一个任务，做好年会的宣传工作。宣传部王部长对此次工作进行部署：在年会前，通过公司网站和公众号宣传公司今年取得的成就和典型先进人物，为年会召开提前预热；为年会制作宣传视频和电子海报等。这项宣传工作应该怎么开展呢？

 **核心要素**

在现代社会中，对于数字信息的处理能力是一个人的核心竞争力。智能化的信息收集技术、数字信息加工技术和创建数字信息内容技术是人们的必备技能。按照工作流程，宣传部需要事先收集宣传所需的资料，并利用数字技术完成一系列工作。

通过完成本次任务，我们将具备以下能力。

1. 能够使用智能化信息技术对信息进行收集。
2. 能够对收集后的数字信息进行加工。
3. 能够根据工作场景创建数字内容。

第1节 智能化信息处理

学习情景

为了更好地完成年会宣传任务，宣传部召开了前期准备会议，主要目的是进行任务分解和工作分工。小齐是宣传部文秘，为了提高工作效率，小齐打算利用一些新的信息技术来帮助自己。如果你是小齐，你将如何开展工作呢？

核心要素

根据工作情境，利用语音识别等智能化技术实现文字信息的快速输入，使用手机扫描等手段将图像信息电子化，使用微信等第三方软件对音频和视频信息进行快速导入和导出。

通过完成本次任务，我们将具备以下能力。

1. 能够使用语音识别功能将会议录音识别为文字。
2. 能够使用智能扫描工具对图像信息进行扫描收集。
3. 能够将手机记录的音频和视频文件通过网络或连接数据线的方式进行传输、备份。

一、文字信息的智能输入与输出

微故事导入

宣传部召开了年会宣传工作准备会议，为了提高效率，小齐决定利用语音识别功能来记录会议内容。

在现代生活、工作快节奏的社会环境下，提高文本输入的效率是一门必修课。目前，文本的智能化输入方式有语音识别和文本识别两种。语音识别是指利用语音识别技术，将语音信息转换为文字信息；文本识别（optical character recognition，OCR）是指采用光学技术，利用字符识别方法把形状翻译成计算机文字的过程。目前，常见的语音识别工具有讯飞听见、腾讯云语音识别等，常见的 OCR 识别工具有百度 OCR、腾讯 OCR 和讯飞 OCR 等。

本书以"讯飞听见"App 为例，说明将语音识别为文字的过程。

（1）打开手机上的"应用市场"，在搜索栏中输入"讯飞听见"，点击"搜索"按钮，下载并安装"讯飞听见"App，如图 3-1-1 所示。

扫描封面二维码可观看操作视频

（2）应用程序安装完毕后，注册并打开主页面。点击"开始录音"按钮，即可开始录音。此时，发言人的声音被软件捕获，并在 App 页面上显示。会议结束后，点击 进行确定，如图 3-1-2 所示。

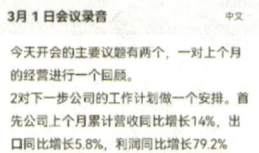

图 3-1-1　下载"讯飞听见"App　　　图 3-1-2　捕获声音

（3）在主页面上点击 转文字 ，将音频上传到服务器，如图 3-1-3 所示。选择"机器快转"方式，并点击"提交转写"按钮，即可将音频转化为文字，如图 3-1-4 所示。

（4）文字输出。音频转换为文字后，可导出为 Word 文档，并可分享至微信、QQ，储存到计算机或者通过邮件发送，如图 3-1-5 所示。

第 3 章·数字信息处理能力

图 3-1-3　将音频上传到服务器　　图 3-1-4　将音频转化为文字

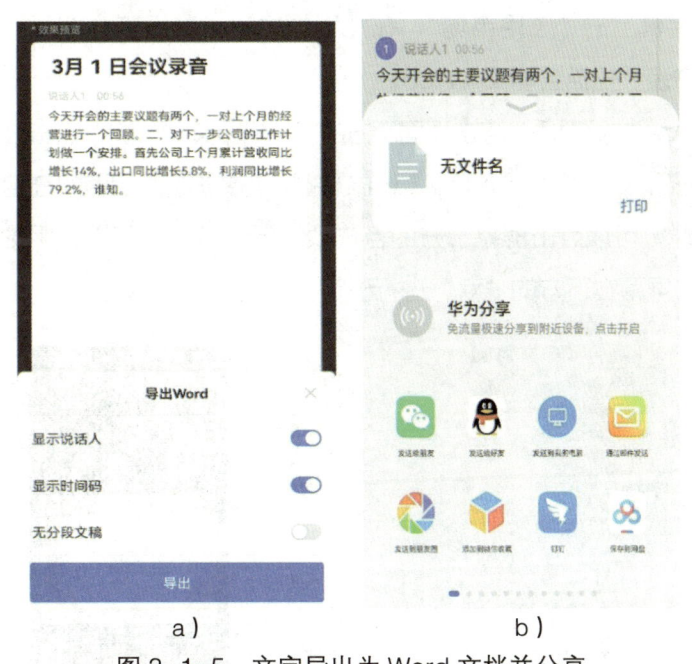

　　　　a）　　　　　　　　　　　　　b）

图 3-1-5　文字导出为 Word 文档并分享
　　　　a）导出　b）分享

二、图像信息的智能输入与输出

在会议上，领导交代给小齐一项工作任务，为了对公司典型人物进行宣传，需要将相关人员的荣誉证书进行扫描存档。小齐按照主管要求，利用智能扫描工具将本年度公司员工获得的荣誉证书进行电子化存档。

智能扫描工具能够自动扫描文件，生成高清扫描件，同时支持 JPEG、PDF 等多格式保存，还能将扫描文件一键转换为 Word、Excel、PPT 等多种格式文档，通过手机、平板电脑、计算机等多设备同步查看。通过文档扫描，可以将纸质的文件、证件等转化为电子文件，方便保存。本书以"扫描全能王"App 为例进行讲解。

（1）打开手机上的"应用市场"，在搜索栏中输入"扫描全能王"，点击"搜索"按钮，下载并安装"扫描全能王"App。

（2）进入 App 主页面后，点击页面下方的"扫描新文档"或者点击 按钮，即可进行奖状文档的扫描，如图 3-1-6 所示。扫描文件时，需要提前开启手机的照相和存储权限。

（3）扫描时，可以点击屏幕下方的各选项进行设置，如可以去阴影、增亮、增强和优化等，点击屏幕右下方的"√"进行确定，如图 3-1-7 所示。

图 3-1-6　主页面图

图 3-1-7　扫描奖状并设置

（4）奖状扫描成功，可以点击页面下方的"完成"按钮进行保存，或点击"继续添加"按钮继续扫描另一张奖状，如图 3-1-8 所示。

（5）图像输出。扫描结束后，可以根据需要，批量将扫描后的电子版奖状分享到微信、QQ 或发送到计算机，如图 3-1-9 所示。

图 3-1-8　扫描结束

图 3-1-9　图像输出

三、音频和视频信息的智能输入与输出

小齐作为负责会议记录和整理的工作人员，需要将会议的相关内容进行整理和备份，其中会议录音和视频也需要备份到计算机中。

将手机录制的音频和视频文件导入计算机中，通常有三种方法：通过第三方即时通信 App 传输文件，通过 USB 数据线连接手机和计算机进行文件传输，通过手机和计算机协同传输文件。本书以前两种方式进行讲解。

1. 通过第三方即时通信 App 传输文件

如果音频和视频的文件体积较小，可以使用微信或者 QQ 等第三方 App 进行文件传输。

（1）打开微信，点击"通讯录"按钮，在搜索框中输入"文件传输助手"，即可找到"文件传输助手"功能，如图 3-1-10 所示。

（2）点击消息发送框右边的 ⊕，选择"相册"，即可打开手机的"图片和视频"文件夹，选择需要导入计算机的音频和视频文件，点击右上角的"发送"按钮，如图 3-1-11 所示。

图 3-1-10　微信文件传输助手

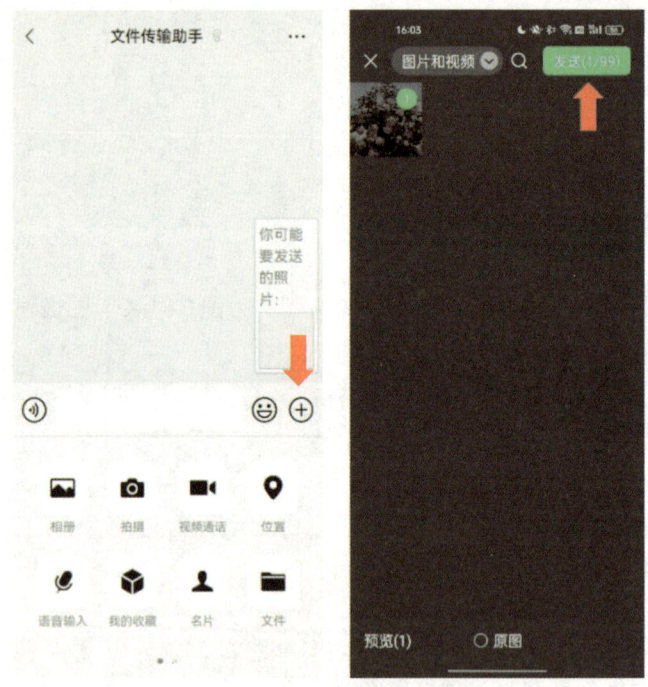

图 3-1-11　利用文件传输助手发送视频

2. 通过 USB 数据线连接手机和计算机传输文件

如果音频和视频文件体积较大，使用有线传输是最快的方法，本书以安卓系统的手机为例进行讲解。

（1）打开手机桌面上的"设置"功能，点击"系统和更新"选项，再点击"开发人员选项"，如图 3-1-12 所示。

（2）将"USB 调试"功能打开，如图 3-1-13 所示。

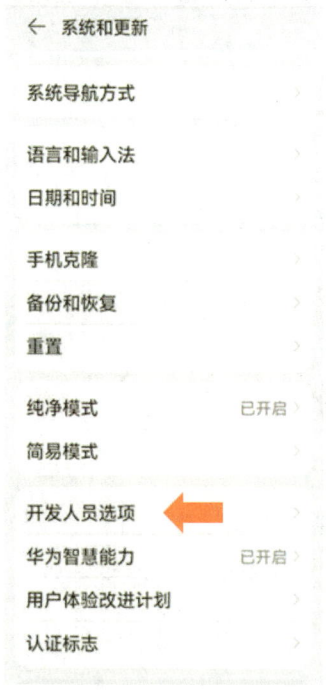

图 3-1-12　系统和更新设置　　　图 3-1-13　USB 调试

（3）用 USB 数据线连接手机和计算机，在计算机的资源管理器中找到手机的存储空间，将音频和视频文件复制至计算机上相应位置即可。

总结与情景拓展

总结

通过以上学习，我们学会了如何利用现代化的信息手段对文本、图像和音视频信息等进行智能化的输入与输出，为这些信息的进一步处理打下了基础。

应用情景拓展

在刚才的工作场景中，小齐利用现代化的信息手段提高了工作效率，你能够根据不同的工作场景，利用这些智能化手段快速地收集信息吗？

数字技能

第 2 节　数字信息加工

学习情景

最近市场部要召开年度总结会议,小周作为宣传部工作人员接到一个任务,需要对会议相关资料进行记录并整理成会议档案。如果你是小周,你将如何开展这项工作呢?

核心要素

在不同的工作场景中,文本、图像和音视频可以帮助我们更好地传递信息。根据工作场景,我们可以使用电子文档排版工具对文字进行编辑排版,使用图像处理工具对图片进行美化,使用音频和视频编辑工具对音视频进行剪辑和压缩等处理。

通过完成本次任务,我们将具备以下能力。

1. 能够根据任务使用电子文档排版工具对会议纪要进行记录并整理。
2. 能够按照需求使用图像编辑工具对图片进行美化。
3. 能够根据需要使用音视频编辑工具进行压缩与格式转换。

一、文字信息的整合与重构

微故事导入

在市场部年度会议上,小周作为会议记录人,需要对会议内容进行记录,并按照公司模板整理成格式规范的会议纪要。小周决定利用电子文档排版工具进行会议内容的记录。

1. 文字处理

市面上有许多文字编辑排版工具，常见的有 WPS Office、Microsoft Office 等，下面以 WPS Office 为例，介绍如何利用 WPS Office 软件进行公司会议纪要的记录与格式设置。

扫描封面二维码可观看操作视频

（1）打开 WPS Office 软件。在主页面中，点击左侧列表的"新建"按钮（见图 3-2-1），在打开的页面左侧点击"新建文字"按钮，在页面中点击"空白文档"按钮，创建一个空白文档，如图 3-2-2 所示。

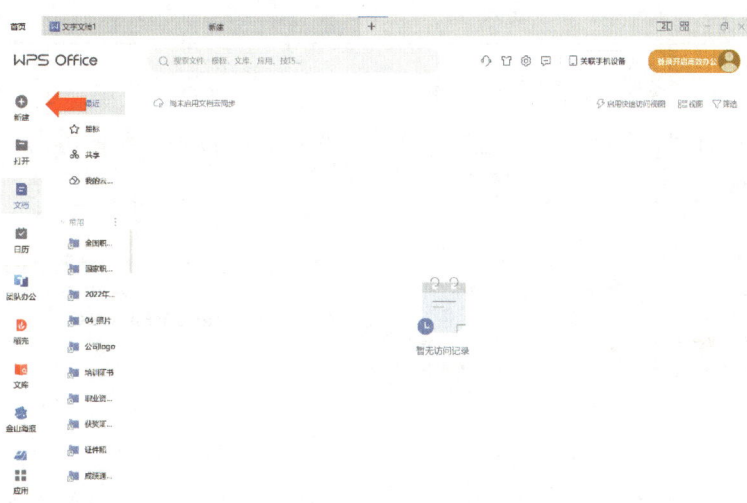

图 3-2-1　WPS Office 首页

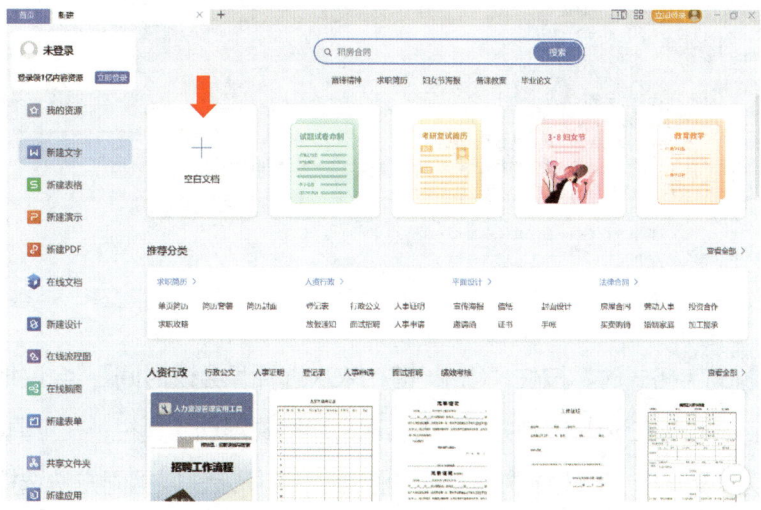

图 3-2-2　新建空白文档

（2）为了使文档更加规范，便于阅读，需要对会议纪要进行文档格式设置。该文档格式设置要求见表3-2-1。

表3-2-1　　　　　　　　　文档格式设置要求

文本内容	字体样式	字号	对齐方式
文档标题	黑体	二号	居中
标题文字	黑体	三号	两端对齐
正文文字	仿宋	三号	两端对齐

1）设置字符格式。选择文档标题"会议纪要"，选择"开始"菜单栏中的字体样式和字号，对字体进行设置。选择"居中"按钮，将标题文字设置为水平居中，如图3-2-3所示。

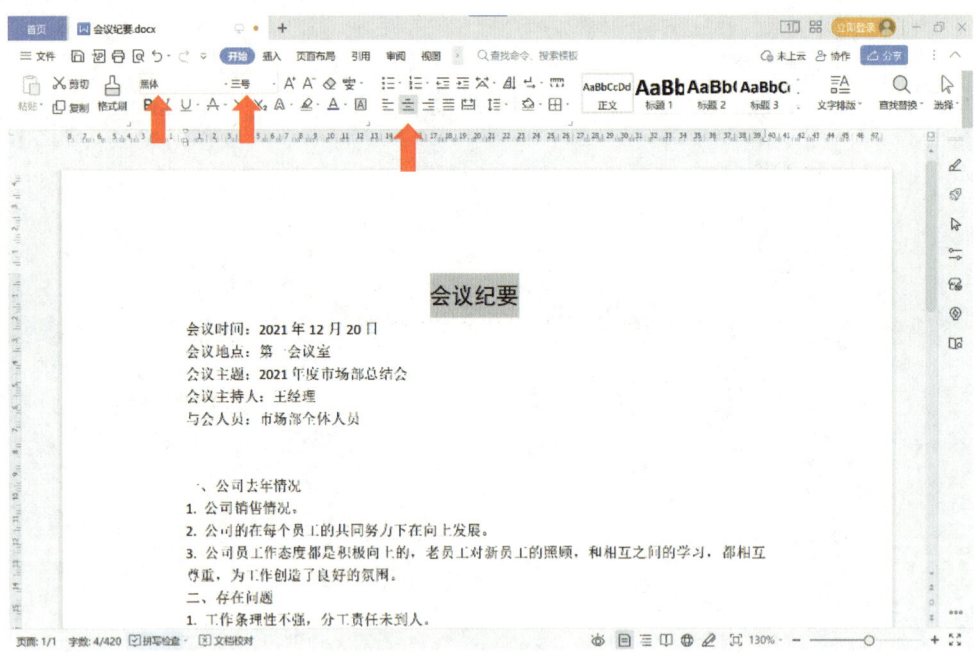

图3-2-3　文档标题格式设置

设置标题文字格式时，按住"Ctrl"键，依次选择"会议时间""会议地点""会议主题"等文字，此时在选中文字的右上角出现文字格式浮动工具栏，在工具栏中选择文字格式字体为"黑体"、字号为"三号"，如图3-2-4所示。以相同方法选择正文文字，在字体工具栏中选择文字格式字体为"仿宋"、字号为"三号"，如图3-2-5所示。

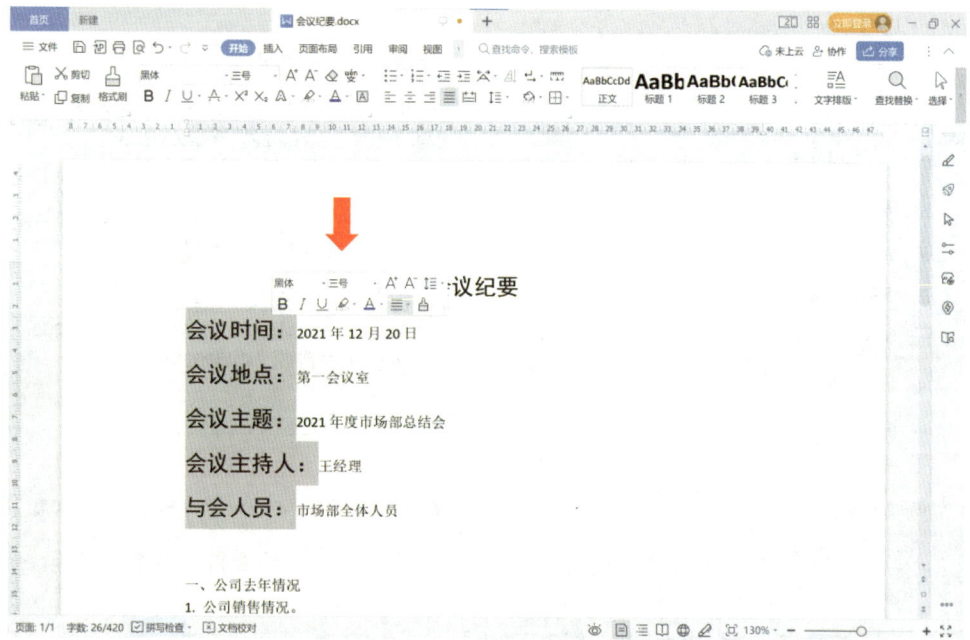

图 3-2-4 标题文字格式设置

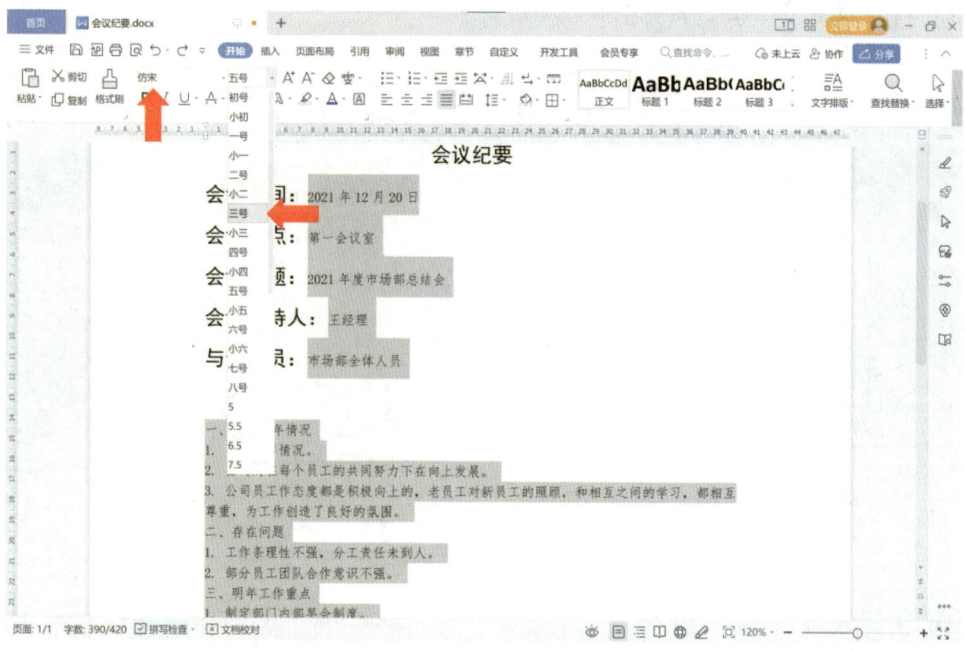

图 3-2-5 正文文字格式设置

2）设置段落格式。选择正文文字，单击右键，弹出菜单栏，如图 3-2-6 所示。选择"段落"，并在"段落"对话框中设置首行缩进 2 字符，1.5 倍行距，如图 3-2-7 所示。

数字技能

图 3-2-6 在菜单栏中选择段落设置　　　　图 3-2-7 设置首行缩进和行距

（3）添加水印。通过添加一些特定的图标或者文本，增强文档的识别性。选择"插入"菜单栏中的"水印"选项，在"预设水印"中选择合适的水印文字，或通过自定义水印，设置个性化的水印效果，如图 3-2-8 所示。

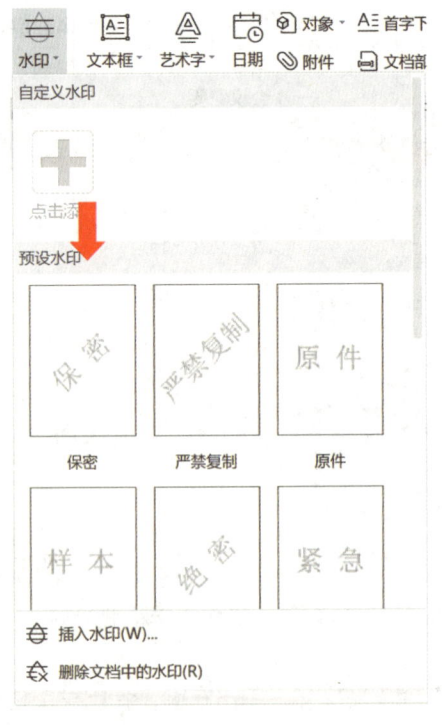

图 3-2-8 设置水印

（4）保存与保护文档。编辑好的文档需及时保存，以便再次查看和编辑。在 WPS Office 中，文档既可以保存到计算机中（见图 3-2-9），也可以保存到云文档中（见图 3-2-10）。

图 3-2-9　保存文档到计算机

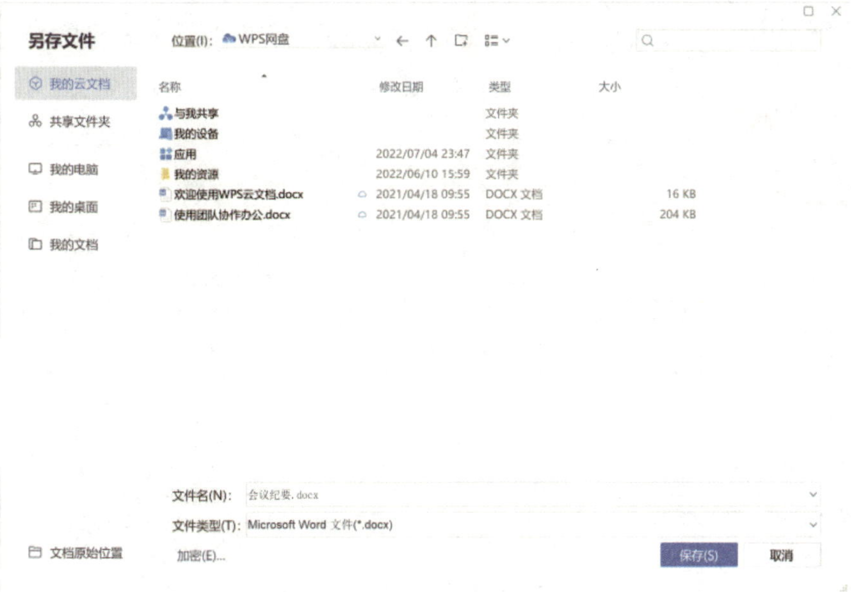

图 3-2-10　保存文档到云文档

对于非常重要的文档，如果不希望别人查看和修改文档内容，可以为文档设置密码，只有输入正确的密码才可以打开和修改文档，如图 3-2-11 所示。

2. 文档模板的使用

文档模板是指 WPS Office 内置的包含固定格式和版式设置的模板文件，用于帮助用户快速生成特定类型的文档。在 WPS Office 中，除了通用型的空白文档模板外，还内置了许多文档模板，含求职简历、职场办公、人资行政等不同类别的模板。

打开 WPS Office 软件，在主页面左侧列表中点击"新建"按钮，在弹出的页面左侧点击"新建文字"，在主页面搜索框中输入"会议纪要"进行搜索，选择其中需要的模板即可，如图 3-2-12 所示。

图 3-2-11　设置文档密码

图 3-2-12　搜索文档模板

二、图像信息的整合与重构

小周拍摄了市场部门日常工作的一些照片,但有一些照片存在亮度较低、对比度不够等问题,需要对图片进行进一步的美化处理。此外,还需要将多张照片进行拼接,作为宣传报道的配图。

1. 图片美化

常用图片处理软件包括美图秀秀、光影魔术手、ACDSee、Photoshop 等,本书以美图秀秀软件为例,介绍图片美化的过程。

扫描封面
二维码可观
看操作视频

(1)图片光效设置。小周拍摄照片时,由于逆光的原因,导致拍摄的照片存在亮度较暗、对比度不够等问题。待处理的图片如图 3-2-13 所示。

图 3-2-13 待处理的图片

打开美图秀秀软件（图标见图3-2-14），在主页面上点击"图片编辑"按钮，点击"打开图片"按钮，选择需要美化的图片，并将其打开。点击左侧列表栏的"光效"，通过拖动"智能补光""亮度"等选项的滑块进行亮度和对比度等参数的设置，如图3-2-15所示。

（2）图片色彩设置。在主页面的左侧列表中点击"色彩"，进入色彩设置页面，可以对"色彩度""色温""色调"等参数进行设置，如图3-2-16所示。

图3-2-14　美图秀秀图标

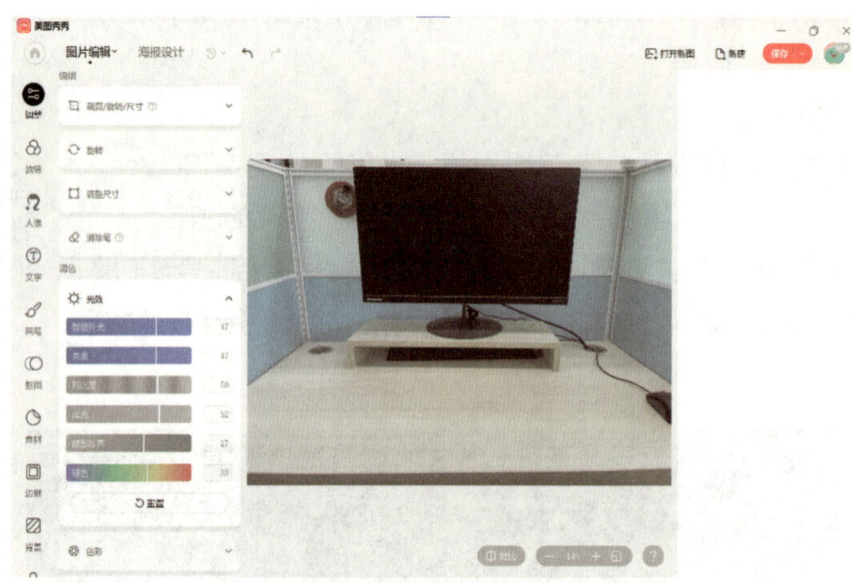

图3-2-15　图片光效设置

图3-2-16　图片色彩设置

（3）图片智能优化。智能优化可以对不同类型的图片进行美化设置。在主页面的左侧列表中点击"滤镜"→"智能优化"按钮，进入图片的智能优化设置页面，如图3-2-17所示。根据图片的不同类型，可以点击"美食""静物""风景""去雾""人物""宠物"等按钮，达到一键美化图片的效果。

经过对光效和色彩等参数进行设置，图片的暗部问题得到改善，亮度增强，如图3-2-18所示。

2. 抠图和拼图

抠图是图片处理中常见的操作之一，是把图片的一部分从原图中分离出来。在美图秀秀软件中，抠图方式可分为手动和智能抠图两种。拼图则是将多张图片拼接成一张图片，可以按设定好的规则拼图，也可以自由拼图。

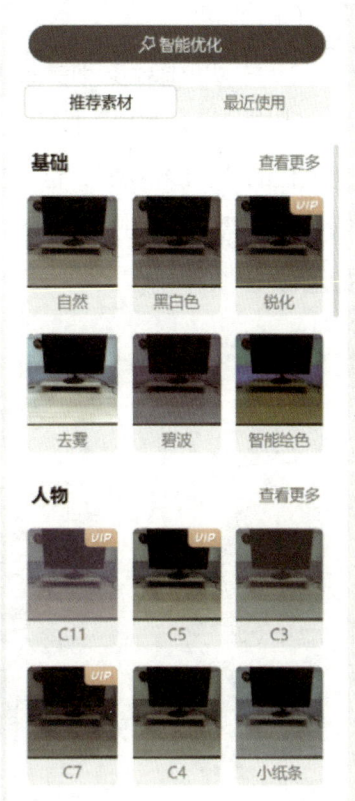

图 3-2-17　图片智能优化

图 3-2-18　处理后的图片

数字技能

（1）抠图。

1）手动抠图。打开美图秀秀软件，在主页面上点击"抠图"菜单栏，点击"打开图片"按钮，选择需要抠图的图片，并打开。点击左侧列表栏的"手动抠图"，这时鼠标光标会变成一支钢笔的形状。用这支钢笔沿着需要抠图的物品或者人物边缘进行勾画，再点击"应用效果"，如图 3-2-19 所示。

> 扫描封面
> 二维码可观
> 看操作视频

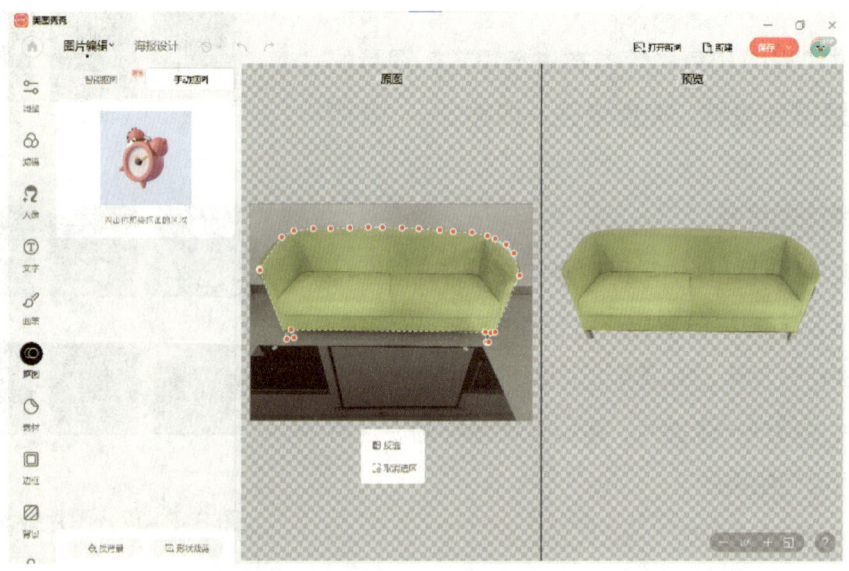

图 3-2-19　手动抠图

2）智能抠图。美图秀秀提供了自动一键抠图功能，采用 AI[①] 技术，可以完成人像抠图、物品抠图等。打开一幅图片，在主页面上点击"抠图"菜单栏，在左侧的列表栏中点击"智能抠图"，根据需要抠图对象的类型（人像宠物、商品货物和图标徽章），点击对应的按钮，系统可以自动识别需要抠图的部分并进行抠图。自动抠图完成后，用户可以手动微调，点击"添加选区"或"删除选区"，点击想添加或者删除的区域，即可大面积地抠图或删除已抠图。

本案例中要对图片中的沙发进行抠图，因此在"识别类型"菜单下勾选"自动识别"选项，选择"商品货物"按钮，软件会根据选择的类型进行智能抠图，如图 3-2-20 所示。抠图完成后如图 3-2-21 所示。

---

① 人工智能，英文单词 artificial intelligence 的缩写，是研究、开发用于模拟、延伸和扩展人的智能的理论、方法、技术及应用系统的一门新的技术科学。

图 3-2-20　智能抠图

图 3-2-21　抠图完成

（2）拼图。本案例中需要将几张图片拼接成一张图片。

1）打开美图秀秀软件，点击主页面中的"拼图"按钮，进入拼图页面。点击页面左侧的数字"3"（此处的 3 代表有 3 张图片），选择一种布局样式，如图 3-2-22 所示。

扫描封面
二维码可观
看操作视频

数字技能

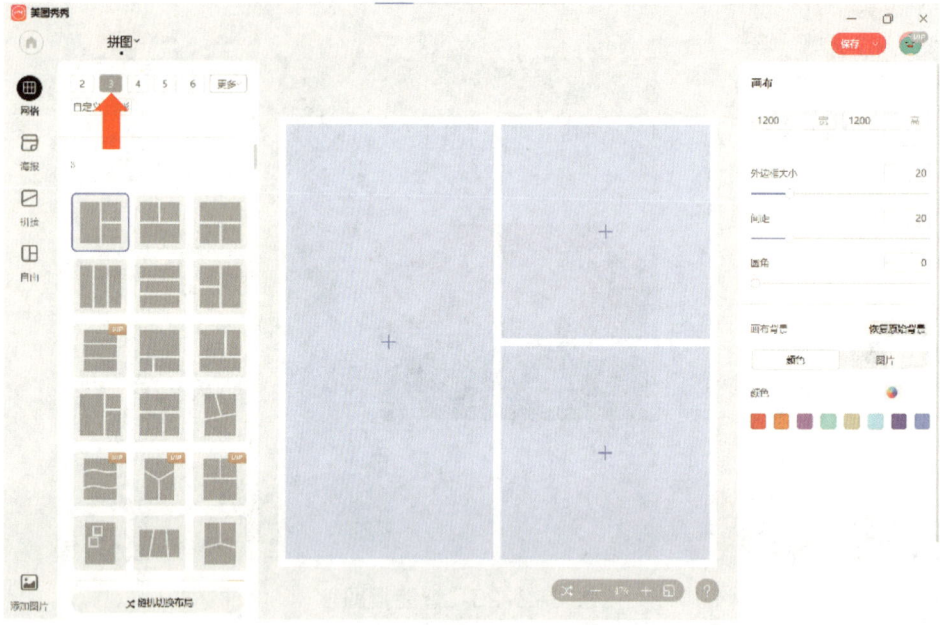

图 3-2-22　模板拼图

2）点击页面右侧的"+"号，将图片添加到美图秀秀中，调整图片位置，最终效果如图 3-2-23 所示。

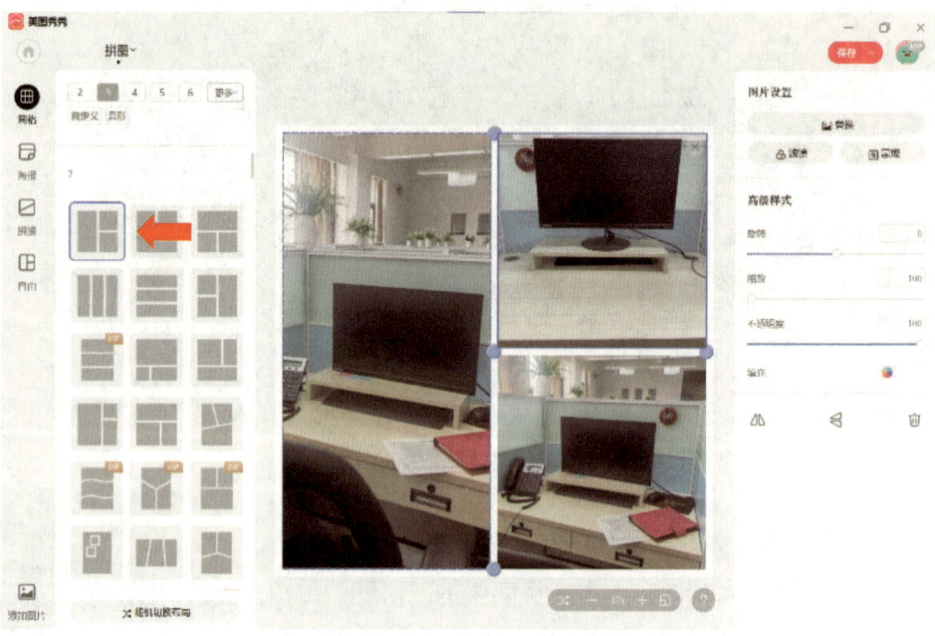

图 3-2-23　模板拼图效果

三、音频和视频信息的整合与重构

小王作为这次会议的会务人员,协助小周进行会议的发言录音和摄像工作。会后,小王需要将相关人员的会议发言录音和视频进行整理,将不需要的录音和视频画面剪辑删除,然后根据需要对音频和视频的格式进行转换。

1. 音频处理

有时会议录音会包含非会议内容的音频,需要将其剪切、合并,组合生成新的音频。本书以"格式工厂"软件为例,介绍音频文件的剪切与合并操作。

> 扫描封面二维码可观看操作视频

(1)打开"格式工厂"软件,在左侧列表栏中点击"音频"选项,选择想要剪辑的音频格式,一般情况下推荐格式为 MP3,如图 3-2-24 所示。

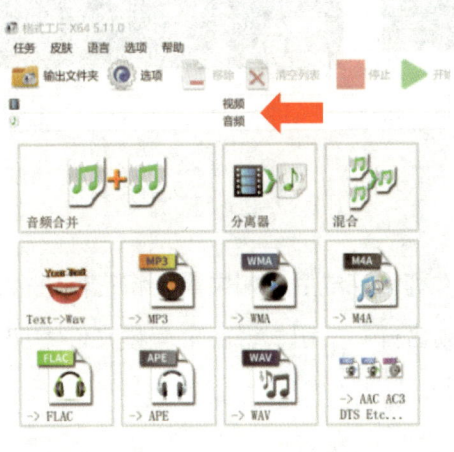

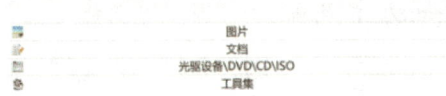

图 3-2-24 "格式工厂"音频处理

（2）点击"添加文件"按钮，将会议录音添加到列表中。添加完成后，可以点击"分割"按钮，将音频按照时间、个数或大小平均分割。点击"选项"按钮即可进入精确剪辑模式，可以根据需要选择剪辑片段的"开始时间"和"结束时间"，剪辑结束后点击"确定"按钮保存文件，如图3-2-25所示。

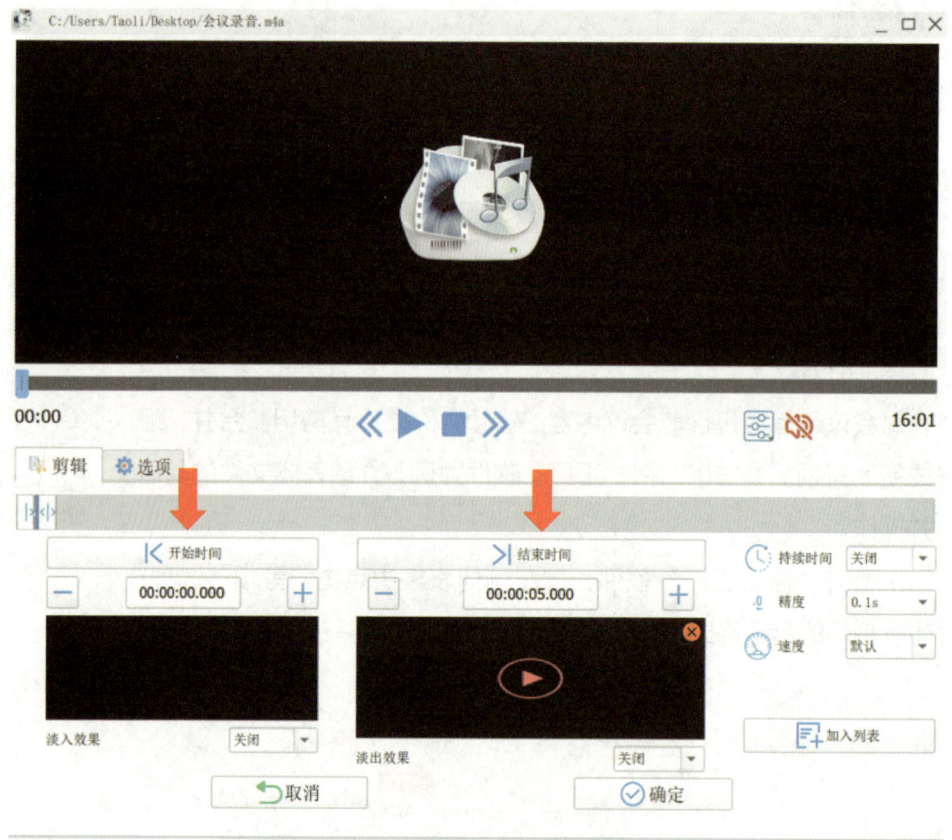

图3-2-25　剪辑录音

（3）将多个音频文件剪辑完成后，如果需要将它们进行合并形成新的音频文件，可以在主页面点击"音频合并"按钮，将多个音频文件添加到列表中，点击"确定"按钮，如图3-2-26所示。

2. 视频处理

在录制的会议视频中，有一些不需要的视频画面，可以利用"格式工厂"软件对原视频进行剪切并重新组合成新的视频。

（1）打开"格式工厂"软件，在左侧列表栏中点击"视频"选项，点击"快速剪辑"按钮，添加视频文件，如图3-2-27所示。

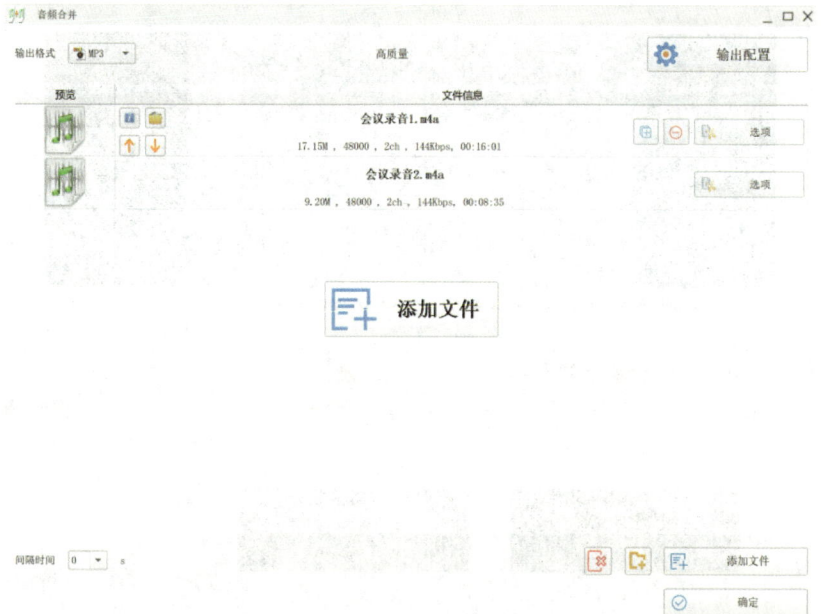

图 3-2-26　合并音频文件

图 3-2-27　"格式工厂"视频处理

（2）添加完视频文件后，可进入精确剪辑模式，用户可以根据需要选择剪辑片段的"开始时间"和"结束时间"，剪辑结束后点击"确定"按钮进行保存，如图 3-2-28 所示。

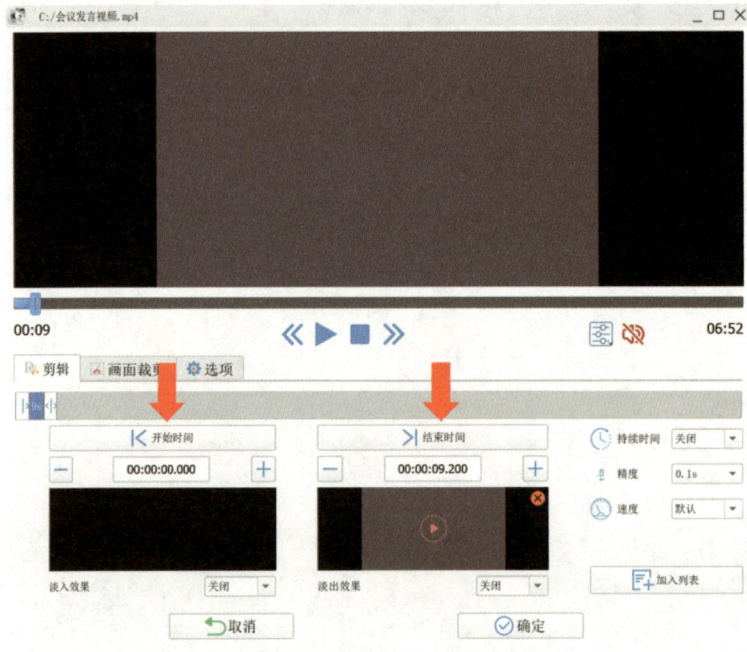

图 3-2-28 剪辑视频

（3）将多个视频文件剪辑完成后，如果需要将它们进行合并形成新的视频文件，可以在主页面点击"视频合并＆混流"按钮，将多个视频文件添加到列表中，点击"确定"按钮，如图 3-2-29 所示。

图 3-2-29 合并视频文件

3. 音视频压缩与格式转换

音频和视频信号数字化以后，其数据量非常庞大，对音视频进行数据压缩，主要任务是在保证声音和图像质量的情况下，尽量减少所需要的数据量。"格式工厂"作为一款专业的格式转换软件，可以帮助用户将各种类型的音视频文件转换成想要的格式，同时还可以压缩文件大小。

（1）音频压缩与格式转换。

1）打开"格式工厂"软件，在左侧的列表栏中点击"音频"，点击将要转换的格式"MP3"按钮，如图 3-2-30 所示。

2）点击"添加文件"按钮，选择需要压缩和转换格式的音频文件。此时，点击右侧的"输出配置"按钮，在弹出的音频设置对话框中，选择"中质量"或者"低质量"，即可压缩音频文件，如图 3-2-31 所示。

（2）视频压缩与格式转换。

1）打开"格式工厂"软件，在左侧的列表栏中点击"视频"，点击将要转换的格式"MP4"按钮，如图 3-2-32 所示。

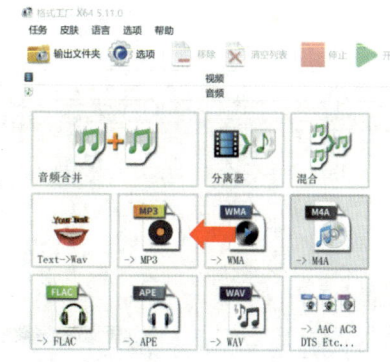

图 3-2-30　将音频文件格式转换为 MP3 格式

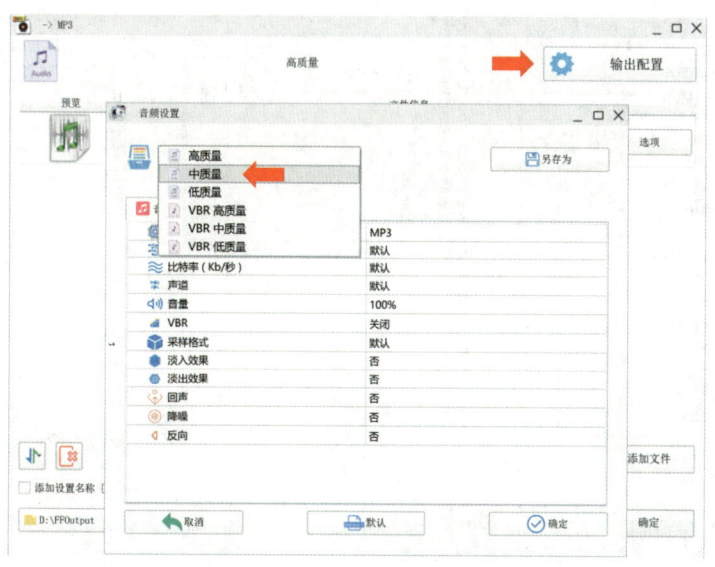

图 3-2-31　压缩音频文件

图 3-2-32 将视频文件格式转换为 MP4 格式

2)点击"添加文件"按钮,选择需要压缩和转换格式的视频文件。此时,点击右侧的"输出配置"按钮,在弹出的视频设置对话框中,在"大小限制"列表中选择需要压缩的视频文件大小,即可压缩视频文件,如图 3-2-33 所示。

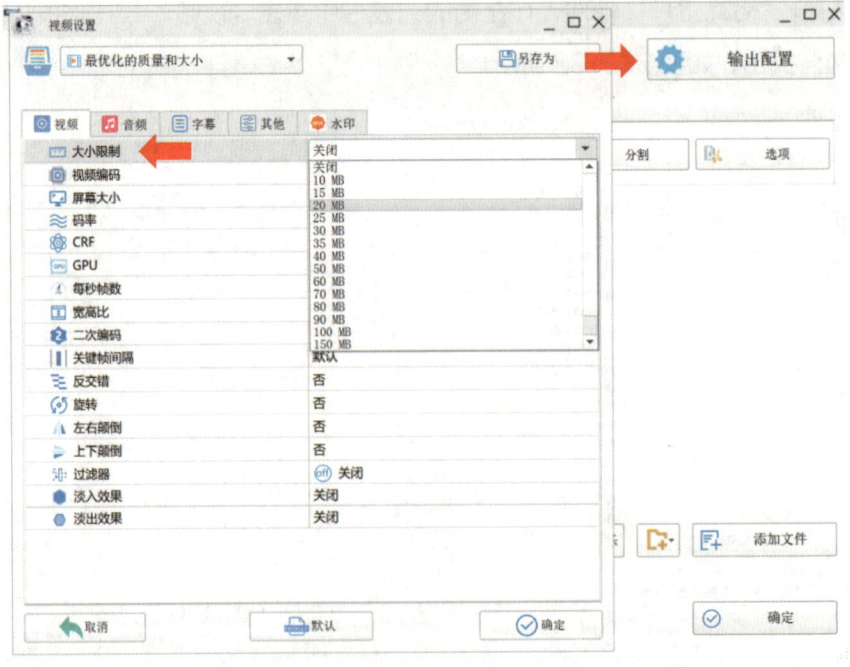

图 3-2-33 压缩视频文件

总结与情景拓展

总结

通过以上学习，我们对如何利用数字技术进行信息加工有了初步的认识，能够在不同的工作场景下对文本、图像和音视频等信息进行整合与重构。

应用情景拓展

在工作中，我们经常会处理文本、图像和音视频等信息，请你利用学习到的技术，根据自己的工作实际，解决工作中的常见问题吧。

数字技能

第3节 创建数字内容

学习情景

小张是宣传部工作人员,为了预热公司周年庆的气氛,领导交给小张一个任务,在公司的公众平台上进行相关宣传。前期小张已经收集了公司这一年度取得的成绩,打算在公司公众号上进行预热宣传,同时制作一份海报发送给拟邀请单位。如果你是小张,你将如何开展工作呢?

核心要素

公众号的微文案、电子海报、短视频等数字内容,可以方便快捷地传递信息,达到宣传的目的。

通过完成本次任务,我们将具备以下能力。

1. 能够根据主题创建微文案,并进行编辑排版。
2. 能够根据收集的文字和图片等信息,使用电子海报制作工具制作公司海报。
3. 能够根据需要进行短视频的拍摄与剪辑,并进行发布。

一、利用公众平台创建并发布微文案

微故事导入

为了对公司本年度的成绩和优秀个人进行宣传,为周年庆活动进行预热,领导让小张在公司公众平台上开设专栏,对公司进行相关宣传。

1. 账号注册

利用公众平台进行宣传,可以选择目前比较流行的微信公众号。在公众号上发布内容事先需要注册，本书以微信公众号为例，讲解注册的步骤。

（1）打开注册页面。用计算机打开网页 https://mp.weixin.qq.com，点击"立即注册"，如图3-3-1所示。个人注册公众号是免费的，注册完成即可使用。

图 3-3-1　注册微信公众号

（2）可选择注册的账号类型分别是服务号、订阅号、小程序和企业微信，如图3-3-2所示。

图 3-3-2　公众号账号类型

服务号：为企业和组织提供更强大的业务服务与用户管理能力，主要偏向服务类交互，服务号是主要用于向个人提供相关服务的一种公众号，它比订阅号的功能更全，可以搭建支付和交易平台。服务号1个自然月内可发送4条群发消息。

订阅号：为个人和媒体提供一种新的信息传播方式，主要目的是为读者和用户提供优质的内容，从而与关注者建立联系或者使用户对自身品牌产生认可。订阅号每天

可群发 1 条消息。

小程序：是一种不需要下载安装即可使用的应用，用户通过"扫一扫"或"搜一下"即可打开应用。在许多城市，微信小程序还支持公交、地铁服务。企业、政府、媒体或个人均可申请注册小程序。

企业微信：是一个面向企业级市场的产品，可以帮助企业更好地进行内部、外部的资源管理，在微信平台上快速地加强企业的信息同步和协同效率。

用户根据需要，可以选择不同类型的账号进行注册。

（3）填写注册信息。每个邮箱只能注册一种类型的账号。填写邮箱的相关信息即可创建账号。登录邮箱，点击邮件中的链接地址，完成激活，如图 3-3-3 所示。

图 3-3-3　填写注册信息

（4）信息登记。进入信息登记页面，填写个人信息和企业信息，按照步骤依次完成，如图 3-3-4 所示。

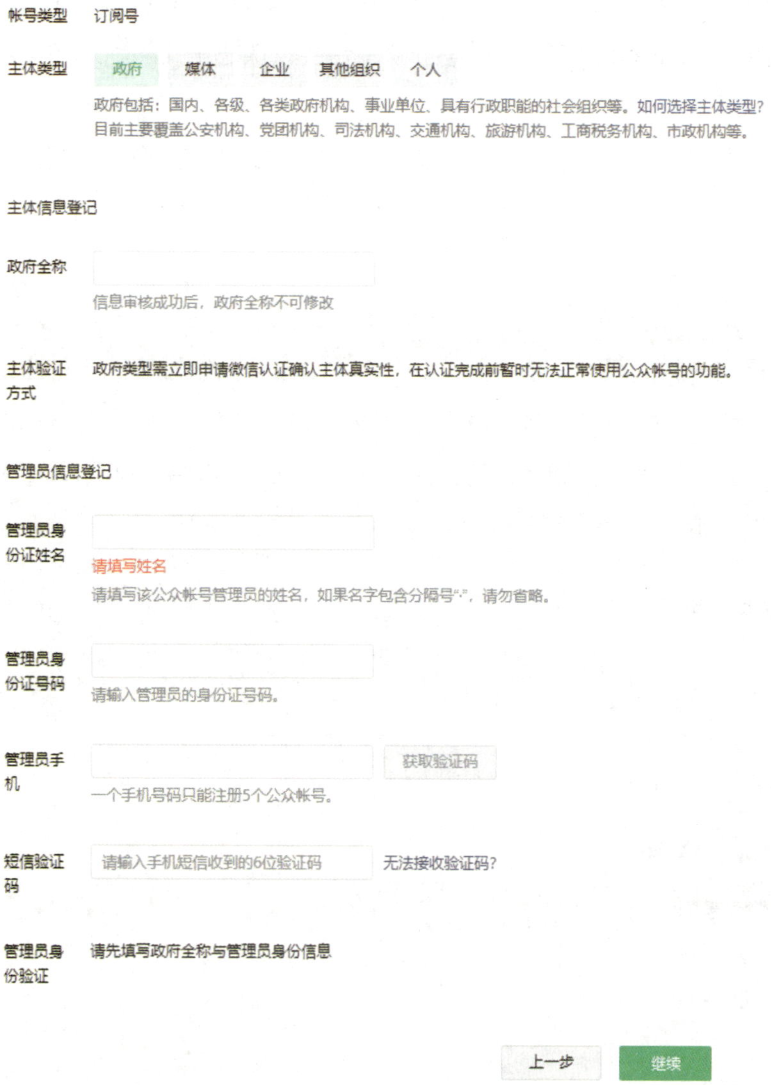

图 3-3-4　信息登记页面

2. 内容编辑

微信公众平台注册完毕后即可编辑发布内容。在微信公众平台上发布的内容称为微文案。微文案是一种销售产品或者服务的文字，具有清晰、简洁、易于理解等特点。微文案内容编辑有以下注意事项。

（1）封面图片。图片的建议尺寸为 360 像素 ×200 像素，比例过大或过小都会造成图片上传时被压缩变形。封面要选择恰当的、有吸引力的图片才能提高读者的点击率。

（2）添加摘要。摘要是封面图片下的那一段引导性文字。在单图文[①]下才可以选择添加摘要。如果没有选择添加摘要，微信公众平台会默认把正文的前几句文字作为摘要内容进行显示。

（3）添加原文链接。在微信公众平台文案编辑的微文案，只有在"阅读原文"功能里可以添加超链接。"阅读原文"可以给企业网站增加浏览量，方便用户找到需要的信息。

3. 微文案发布

微文案编辑完成后，可以发布或群发。发布是公众号内容发表的一种方式，发布的内容不会推送消息给关注的读者，每天可以发布多篇内容；公众号群发功能是内容发布的另一种方式，如果是订阅号，每天只能发送1次，如果是服务号，每个自然月内只能发送4次，如图3-3-5所示。

图 3-3-5 发布公众号文章

---

① 推送一次仅发布一篇文章。

二、制作活动海报

微故事导入

为了更好地宣传公司，公司领导决定邀请友好单位参加周年庆，领导让小张制作一份活动海报发给友好单位。

1. 活动海报内容创作

在数字媒体时代，公司的活动海报一般是采用电子海报制作工具来进行制作的。目前比较主流的电子海报制作工具是"易企秀"软件，图标如图 3-3-6 所示。"易企秀"软件是一个基于智能内容创意设计的数字化设计软件，可以设计电子海报、问卷表单、电子画册、互动抽奖等数字化内容，有网页版和手机 App 版。本书以"易企秀"网页版为例，介绍活动海报制作过程。

> 扫描封面二维码可观看操作视频

（1）访问"易企秀"官方网站，注册用户并登录。

（2）在页面上部搜索栏输入关键词"年会"，在类型中选择"海报"，即可查询出所有适合于年会的电子海报模板，如图 3-3-7 所示。

（3）编辑海报。选择其中一种海报，进入海报的编辑页面，点击海报上的字体和图片即可进行编辑，如图 3-3-8 所示。

图 3-3-6 "易企秀"图标

图 3-3-7 创建年会海报

数字技能

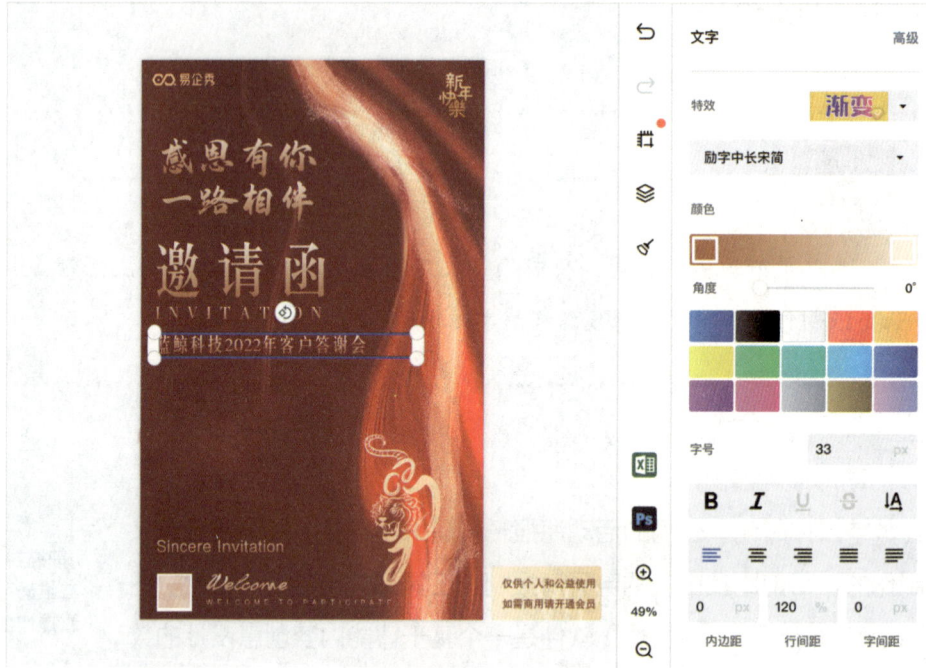

图 3-3-8　编辑海报

（4）规避侵权风险。在编辑海报时，由于模板上应用的部分字体和图片具有版权，此时一定要注意版权风险，需要付费的要付费后方可使用，要尊重他人的劳动成果和知识产权。如需使用模板上的字体或图片，可以点击"获取商用授权"，支付授权费或者加入会员，如图 3-3-9 所示。

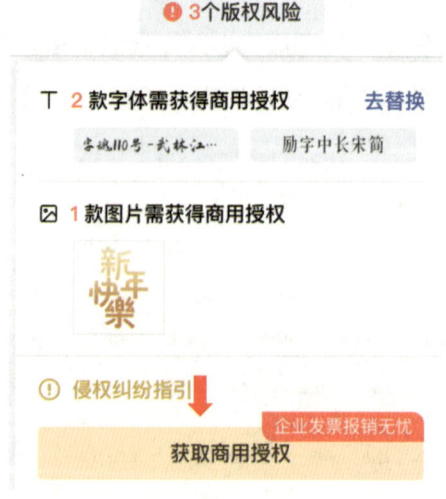

图 3-3-9　版权风险

用户也可以点击右侧蓝色"去替换"选项，在弹出的对话框中，点击"一键替换"按钮将收费字体替换成免费字体，如图 3-3-10 所示。

图 3-3-10　替换免费字体

用户完成字体和图片设置后，年会海报效果如图 3-3-11 所示。

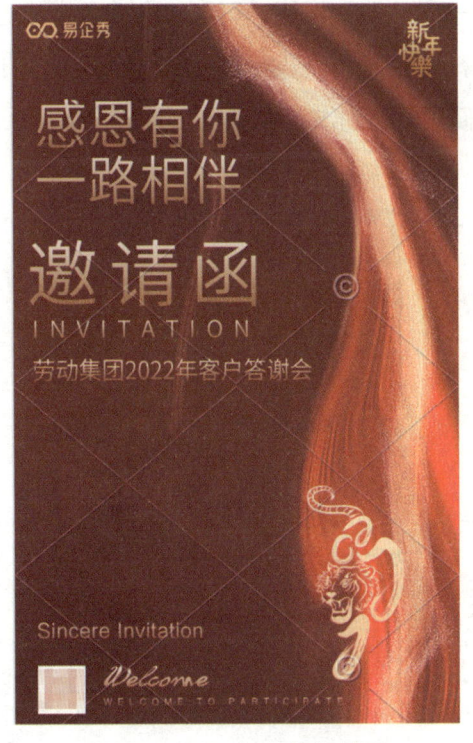

图 3-3-11　年会海报效果

2. 海报发布

海报制作完毕后，除了可以保存待以后可随时修改外，还可以分享链接地址或下载保存成多种格式文件。

（1）分享链接。点击页面右侧的"分享"按钮，此时海报会自动生成一个链接地址，点击"复制链接"按钮，可以将此地址发送给微信好友、QQ 好友，或者分享到社交群，如图 3-3-12 所示。

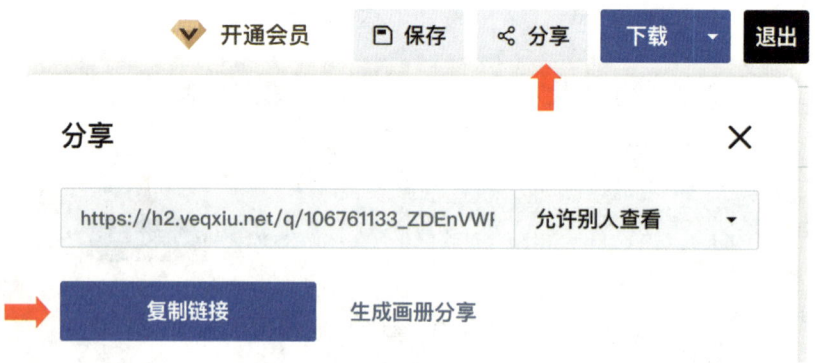

图 3-3-12　分享链接

（2）下载海报。点击"下载"按钮，可以将海报"合成 GIF""合成视频""生成画册""导入公众号"等（有的功能需要付费成为会员后方可使用），还可以点击"协作"将作品分享给他人便于协同制作，如图 3-3-13 所示。

图 3-3-13　下载和分享海报

三、制作短视频

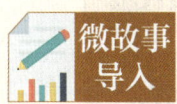

领导交给小张一个任务,请他采访各部门的优秀员工,跟拍他们的工作日常,并制作成一个短视频,在年会上播放。

1. 短视频拍摄与剪辑

(1)如何拍摄短视频。

1)选择拍摄设备。短视频的拍摄设备有手机、摄像机、数码相机、无人机(穿越机)等。手机适合记录生活,比较方便,也利于短视频编辑;摄像机适用于专业拍摄,一般用于对视频质量要求较高的场合;数码相机相较于摄像机体积较小,可以同时兼顾设备体积小和画质清晰度的要求;无人机(穿越机)适合拍摄中远景画面,可以实现更多的视角。

拍摄时为了稳定镜头,有时候可以选用相机稳定器。相机稳定器又称云台,分为固定云台和电子云台两种。根据旋转方向不同,云台分为左右旋转的水平云台、多向旋转的全方位云台两类。

2)撰写脚本。拍摄短视频之前,需要确定一个主题,并根据主题撰写拍摄脚本。

(2)如何剪辑短视频。

视频拍摄后,还需要对视频进行剪辑,并添加片头、片尾,必要情况下还需要添加字幕等内容。专业视频编辑工具有 Adobe Premiere,入门视频编辑工具有会声会影、剪映等。

本书使用剪映完成短视频的剪辑。剪映有计算机客户端(专业版)、移动端和网页版三种形式,以下以计算机平台软件为例讲解剪辑过程。

1)从官网下载剪映计算机平台软件安装程序,并进行安装。安装完成后剪映软件图标如图 3-3-14 所示。

2)打开剪映软件。点击页面上方的"开始创作"按

图 3-3-14 "剪映"图标

钮,进入剪辑页面。点击"导入",添加音频和视频等媒体文件,如图 3-3-15 所示。

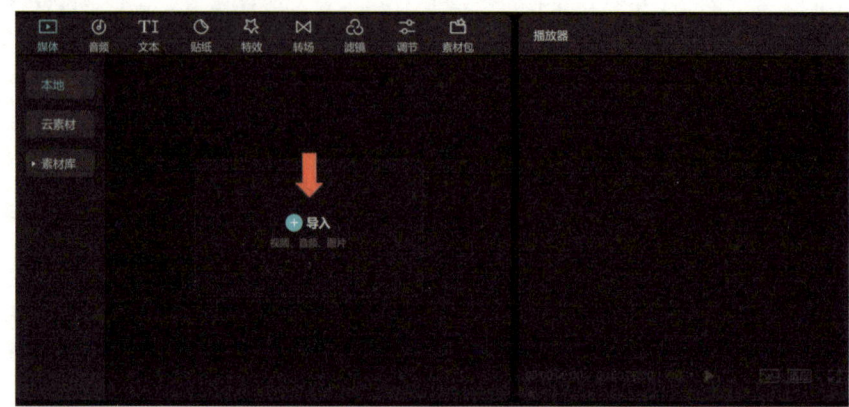

图 3-3-15　导入媒体文件

3)将素材拖拽到时间轴上,可以手动拖动模块调整不同素材的顺序。如需对视频文件进行分割,可以定位在剪辑点处,点击分割按钮❚❚,如图 3-3-16 所示。

图 3-3-16　分割视频

4)添加背景音乐。将导入的音频文件拖动到页面下方的轨道区域时,音频与视频会自动放置在不同的轨道上。如果导入的背景音乐时间长度大于视频时间长度,可以利用分割按钮❚❚对音乐进行剪辑。点击导入的背景音乐,拖动时间线到需要剪辑的位置,再点击分割按钮❚❚,则音乐被分割成两段。此时,选择不需要的音乐片段,按键盘上的"Delete"键即可删除,如图 3-3-17 所示。

图 3-3-17　剪辑音乐

5）添加转场。转场是指不同空间、不同场景的两个镜头之间的衔接方法，目的是让镜头与镜头之间的衔接变得自然流畅。将时间线定位在两段视频之间，点击"转场"按钮，选择一种转场效果，点击 ，将转场效果添加到时间轴上，它会自动将转场效果添加到离时间轴最近的分割处，并形成一个灰色模块，如图 3-3-18 所示。

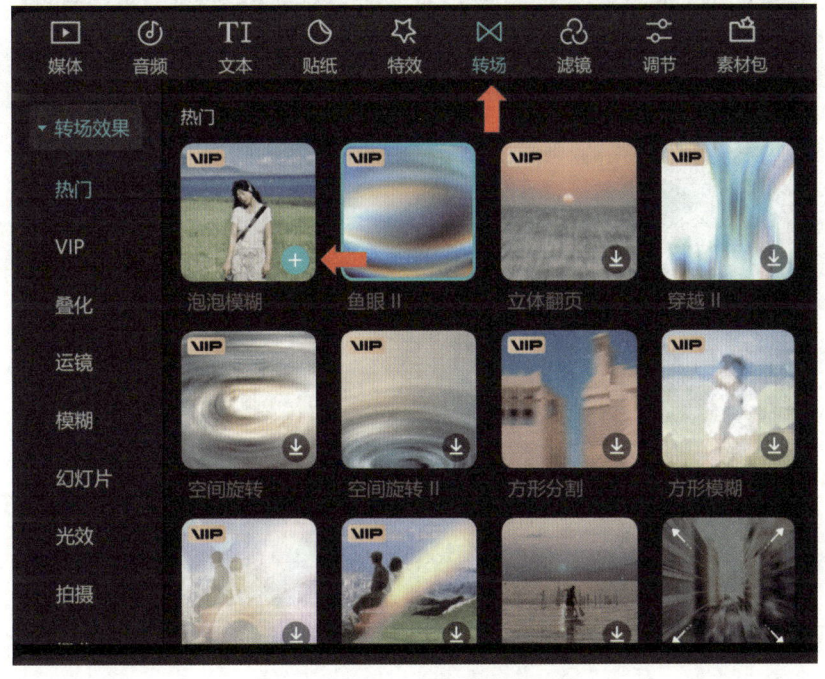

图 3-3-18　转场效果设置

6)添加封面。点击时间轴左边的"封面"按钮(见图 3-3-19),在弹出的窗口中点击"去编辑"按钮,如图 3-3-20 所示。可以选择模板快速设置封面,也可以直接添加文字进行编辑。最后点击"完成设置"按钮,封面制作完毕,如图 3-3-21 所示。

图 3-3-19　添加封面

图 3-3-20　编辑封面

图 3-3-21　设计封面

2. 短视频发布

短视频编辑完成后，点击"导出"按钮，在弹出的"导出"页面对话框中，为作品命名和设置导出位置。视频导出分辨率可根据需要设置为"480P""720P""1 080P""2K"和"4K"，码率设置为"推荐"，编码设置为"H.264"，格式设置为"mp4"格式，帧率设置为"30fps"。设置完毕后，点击"导出"按钮，如图 3-3-22 所示。

图 3-3-22　导出短视频

数字技能

导出完成后，可以将短视频发布到社交媒体上，如图 3-3-23 所示。

图 3-3-23　发布短视频

总结与情景拓展

总结

通过以上学习，我们对于数字内容的创建过程有了比较全面的了解，能够利用相关工具创建图像、音频和视频内容。

应用情景拓展

在工作中，我们有时会接到为公司制作数字化内容的任务，请你利用学习到的技术，试着为你的公司制作宣传海报和宣传视频吧！

第4章 数字问题解决能力

数字技能

小吴是汽车4S店新能源维修组组长，工作中经常与接待团队通力合作完成客户汽车保养和维修事务。为提高维修团队与接待团队的沟通协作能力，决定在近期策划一期跨部门团队户外徒步活动。前期小吴已经完成了徒步活动的信息收集、活动预热和与接待小组的沟通工作。

按照公司流程，小吴需要先制作一份简要的活动策划演示文稿，在周一工作例会上向相关部门领导汇报活动的目的、预算和流程等，明确相关事项。会后小吴需要细化活动流程，确定徒步路线和食宿安排，听取员工意见，确定徒步中的趣味活动。同时，小吴还需要收集员工个人信息以购买意外保险，编制活动安排表，汇总徒步活动照片、视频和徒步步数等资料。

活动分析策划阶段，我们可以应用思维导图、数字图表、流程图、地图等直观的可视化图形，辅助分析活动策划包含的预算、流程、目的地等要素。

活动计划决策阶段，我们可以应用在线头脑风暴、投票等方式作出徒步趣味活动的决策，利用AI技术优化徒步路线，做好规划。

徒步实施和监测阶段，我们可以应用在线表单工具收集个人信息用于保险购买，应用在线文档共同编制出行手册，应用云盘工具收集徒步中的照片和视频，使用OA系统在线处理工作，应用手机健康App或智能手环、手表开展运动健康监测和步数统计。

通过完成本次任务，我们将具备以下能力。

1.能够根据信息聚焦、传达和统计等需要，应用思维导图、饼图、时间轴逻辑图等可视化图形分析实际问题。

2.能够使用在线头脑风暴、在线投票和AI技术辅助决策以解决实际问题。

3.能够应用在线表单收集信息，应用在线文档完成团队协作编辑，应用云技术实现文件共享，使用自动化办公系统和智能穿戴等智能化设备的使用，优化问题解决方案与质量控制。

第1节 数字技能分析问题

学习情景

小吴是汽车4S店新能源维修组组长，工作中经常与接待团队通力合作完成客户汽车保养和维修事务。为提高维修团队与接待团队的沟通协作能力，4S店决定在近期策划一期跨部门团队户外徒步活动。前期小吴已经完成了徒步活动的信息收集、活动预热和与接待小组的沟通工作。按照公司流程，小吴需要先制作一份简要的活动策划演示文稿，在下周一工作例会上向相关部门领导汇报并讨论活动细节。如果你是小吴，你将如何开展这项工作呢？

核心要素

思维导图、数字图表、流程图、地图等直观的可视化图形有利于准确地传达信息，常用于辅助分析各种问题。根据工作情境，我们采用可视化图形方法来呈现策划思路，即使用思维导图分析活动目的、使用数字图表说明活动预算、使用逻辑图介绍活动流程、使用地图数据展示活动地点。

通过完成本次任务，我们将具备以下能力。

1. 能够根据信息聚焦需要应用思维导图分析整理户外徒步活动目的。

2. 能够根据信息传达需要应用可视化数字图表中的饼图分析整理户外徒步活动预算。

3. 能够根据信息传达需要应用逻辑图表中的时间轴图分析整理户外徒步活动流程。

4. 能够根据信息处理需要应用大数据技术对比分析户外徒步活动目的地的优劣。

一、思维导图分析问题

为了让领导更直观地了解此次活动的目的,也为了自己在讲解时的逻辑更加清晰,小吴决定围绕"徒步活动目的"用思维导图来梳理思路。

1. 什么是思维导图

思维导图是表达发散性思维的可视化图形工具,目前已经被广泛应用于企业培训和学校教育等领域。它是基于某一个中心主题,建立各级主题以及从属和关联关系,形成一个方便记忆和理解的思维图形,又称为脑图、心智地图,如图4-1-1所示。

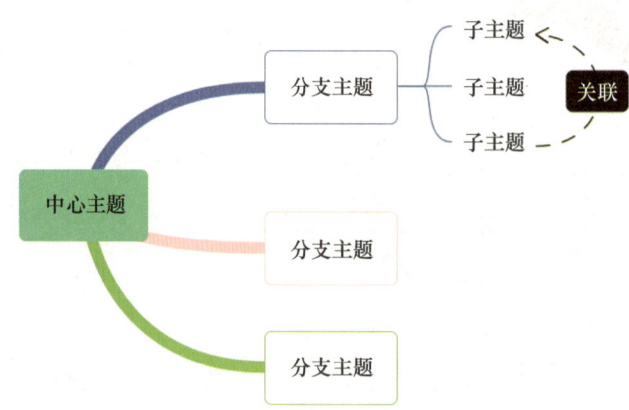

图 4-1-1 思维导图概念图示

2. 思维导图的作用

思维导图已广泛应用在学习、生活和工作领域,用于帮助人们制订计划、展开联想、发散性思考等,也可用于归纳记录笔记以帮助记忆。图4-1-2所示是用思维导图归纳知识形成的学习笔记,图4-1-3所示是学生用思维导图制订的学期计划。

3. 思维导图的应用

小吴决定分两步完成汇报PPT的制作工作。第一步是完成思维导图,第二步是将思维导图插入PPT中。本书以计算机平台WPS Office软件为例进行讲解。

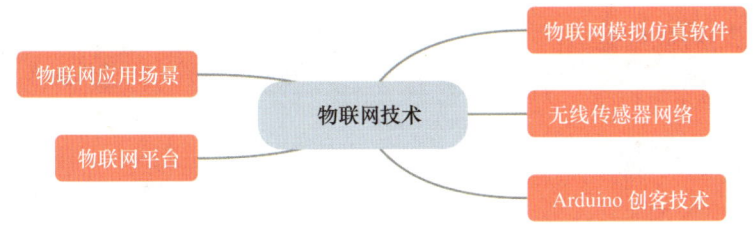

图 4-1-2 物联网技术学习笔记

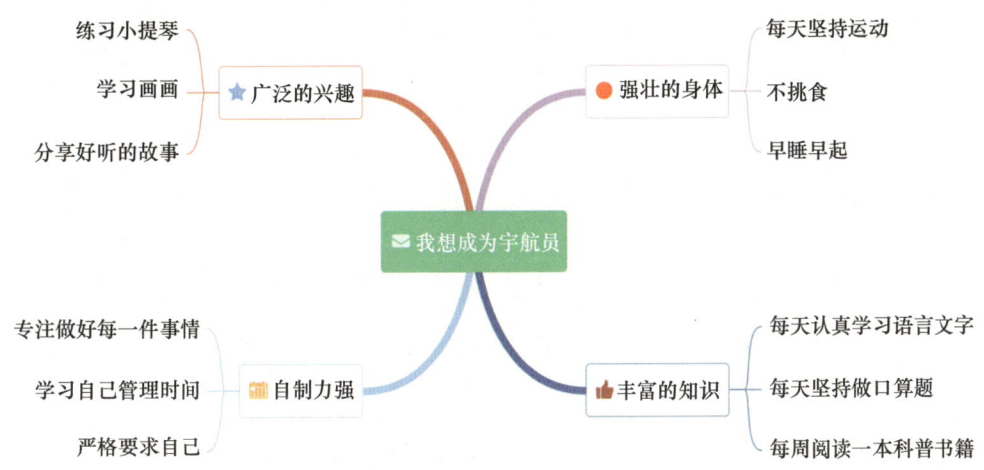

图 4-1-3 "我想成为宇航员"梦想起航学期计划

（1）制作思维导图。

1）打开 WPS Office 软件，在"新建"页面点击左侧列表的"在线脑图"按钮（见图 4-1-4），在主页面中点击"新建空白思维导图"，创建一个空白思维导图，登录状态下文件会自动保存到 WPS 云文档。

扫描封面二维码可观看操作视频

2）双击思维导图的中心主题词并修改为"活动目的"，然后点击主题词后按键盘上的"Tab"键创建子主题，输入联想子主题词，如"提高公司凝聚力"等。

3）按键盘上的"Enter"回车键增加同级主题，按键盘上的"Tab"键增加下一级子主题。选择"提高公司凝聚力"主题后，按键盘上的"Enter"回车键增加同级主题词，如"提高团队非正式合作能力"等。如果要给"提高公司凝聚力"等子主题词添加下一级主题词，只需要选择"提高公司凝聚力"子主题词后，按键盘上的"Tab"键创建下一级子主题词并输入联想词即可，如图 4-1-5 所示。

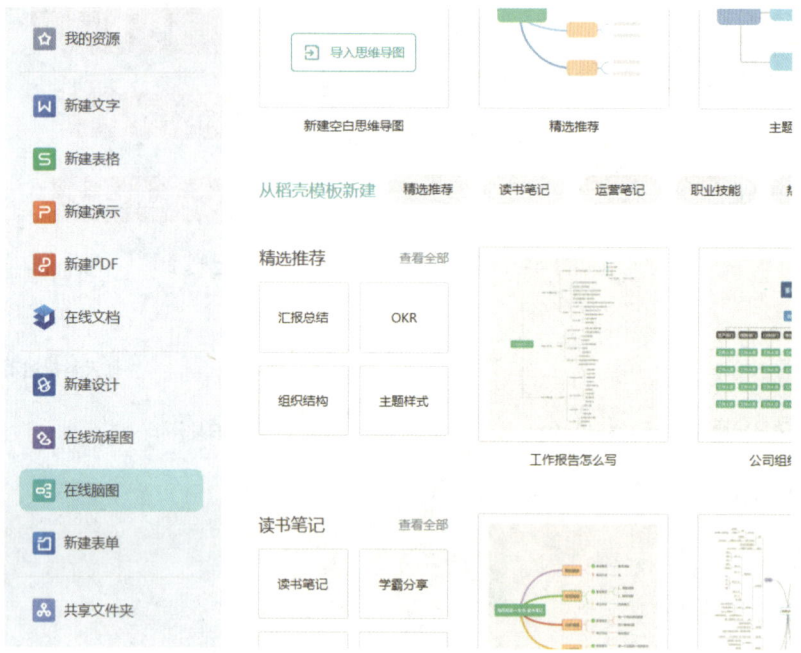

图 4-1-4　WPS Office 思维导图"新建"面板

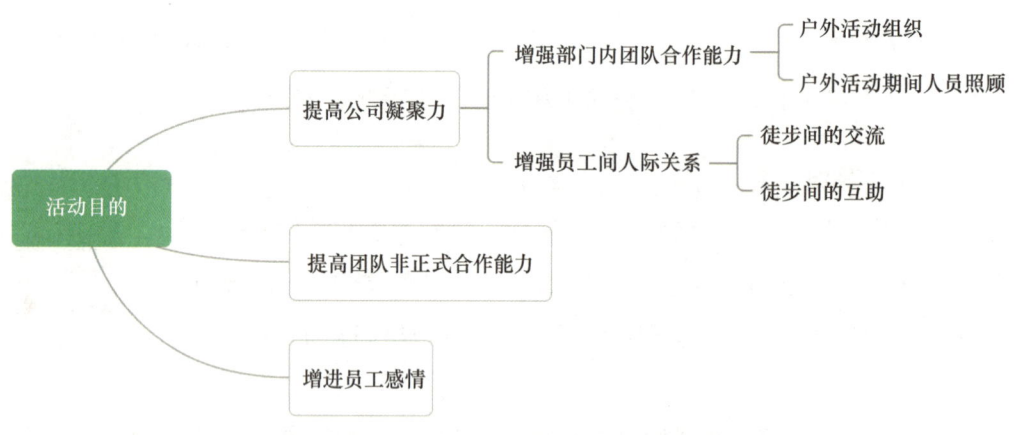

图 4-1-5　活动目的思维导图参考示例 1

4）思维导图主题词美化。在"开始"菜单中点击主题词可以修改每个主题词字体、字号等文本格式，在"样式"菜单中可以点击"画布""风格"和"结构"等按钮修改主题词样式，点击单个主题词还可以修改对应主题词边框背景等样式。在"插入"菜单中可以为主题词添加图标、超链接、概要、关联等内容，如图 4-1-6 所示。

5）全部编辑完成后按"保存"按钮保存文件，以方便下次修改，也可以点击"另存为 / 导出"按钮，将思维导图导出为 PNG 图片格式。

图 4-1-6　活动目的思维导图参考示例 2

（2）将思维导图插入 PPT。

1）打开 WPS Office 软件，点击左侧菜单栏"新建"按钮，在新建页面点击左侧列表的"新建演示"按钮。在主页面中点击"新建空白演示"缩略图的"+"按钮，创建一个空白演示文稿。依次选择菜单栏中"文件"-"保存"，在弹出的保存对话框中将文件命名为"户外徒步活动策划"，格式选择为"Microsoft PowerPoint 文件（*.pptx）"并保存到计算机桌面位置。

2）分别创建 5 张 PPT 页面，并在第一页输入"户外徒步活动策划"标题和"新能源维修部与接待部"副标题。根据汇报流程分别在 2~5 页 PPT 的标题栏输入"活动目的""活动预算""活动流程"和"活动地点"，可根据需要自行美化页面或在 PPT 全部制作完成后使用"设计"菜单中的"智能美化"功能进行页面美化。

3）在活动目的页面插入思维导图。选择"活动目的"PPT 页面，点击页面内容区域，选择"插入"菜单栏中的"思维导图"按钮，弹出如图 4-1-7 所示页面，选择"我的文件"，将鼠标光标移到"活动目的分析"思维导图上方，点击出现的"插入"按钮，插入 PPT 页面中。

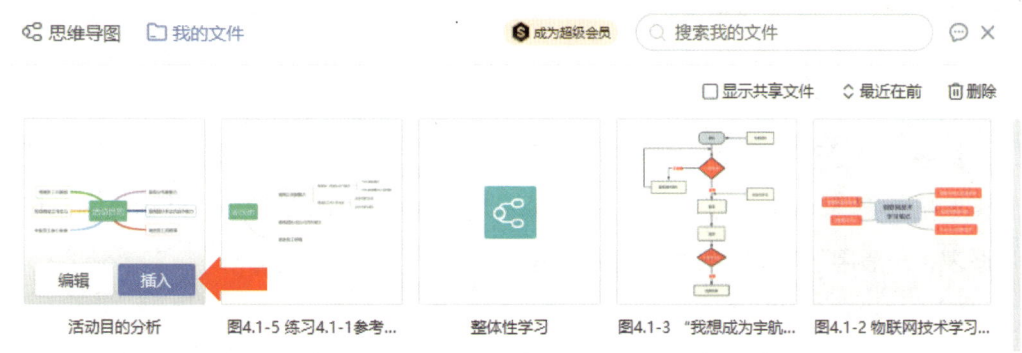

图 4-1-7　插入思维导图页面

4）如后期需要修改，可直接双击 PPT 中的思维导图对其进行再次编辑。点击"提高公司凝聚力"右边的"-"按钮，可以隐藏子项目。户外徒步活动目的 PPT 页面最终效果如图 4-1-8 所示。

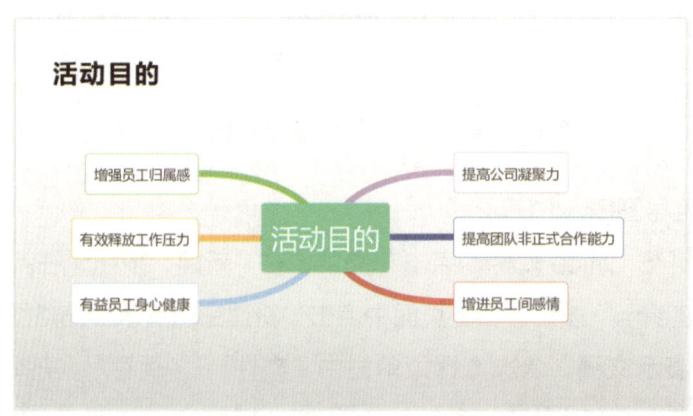

图 4-1-8　户外徒步活动目的 PPT 页面最终效果

拓展阅读　思维导图可以手绘或借助计算机软件完成。思维导图工具有支持计算机平台和移动端的"Xmind"（https://www.xmind.cn），网页在线版工具有"百度脑图"（https://naotu.baidu.com），综合型工具有有道云笔记、WPS Office 等。

二、数字图表分析问题

1. 什么是数字图表

数字图表是对数据进行可视化处理后的图形，常见的数字图表有折线图、柱图、饼图、拓扑图、地图、3D 散点图等。如图 4-1-9 所示是 WPS Office 提供的常见数字图表，一般用于简单的数据可视化处理。

2. 数字图表的作用

数字图表可以让我们非常直观地了解数据之间的逻辑关系，如通过柱状图可以对比分析各季度的销售额变化，通过饼图可以直观地发现各类数据的占比。

第 4 章·数字问题解决能力

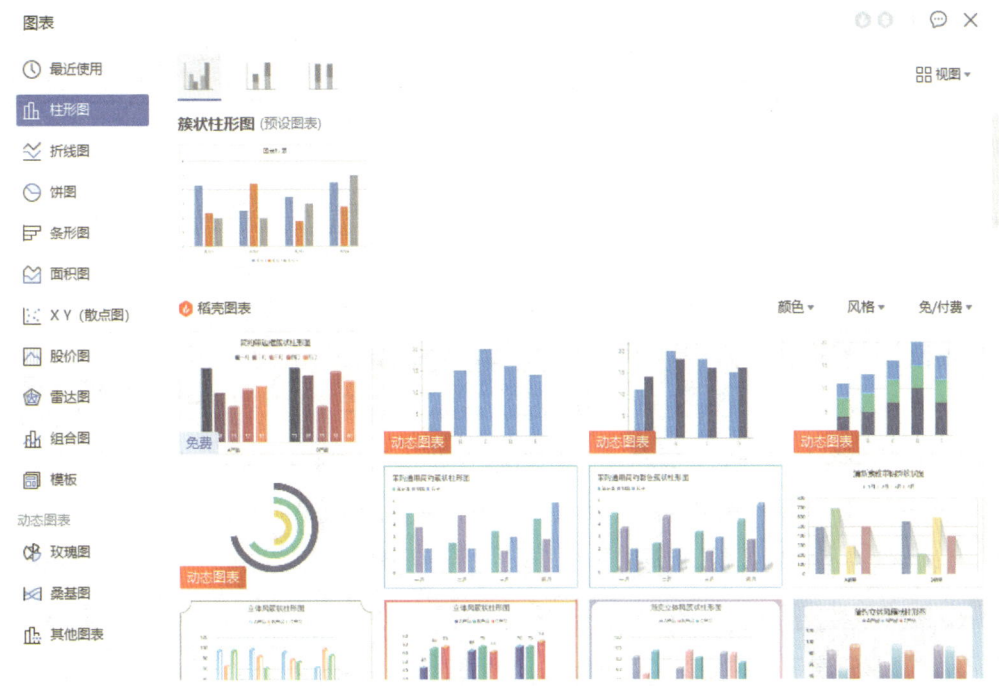

图 4-1-9　WPS Office 中常见的数字图表

在大数据时代，我们还可以通过数据统计和数据清洗[①] 结果的可视化服务生活，如阿里云利用高德互联网数据、AI 视觉智能数据等形成多维智能交通模型图，为城市提供交通信号优化、交通智能引导，同时为交通建设管理提供决策支持。

3. 数字图表的应用

　　小吴前期做了基本的市场调查，把徒步活动预算做成了表 4-1-1 所示表格。为了让各位领导更加直观地了解各类别价格占总数份额，小吴决定在 PPT 中将表格修改为饼图。

---

① 发现并纠正数据文件中可识别的错误的最后一通程序，包括检查数据一致性、处理无效值和缺失值等。数据清洗一般由计算机而不是人工完成。

表 4-1-1　　　　　A 公司徒步活动预算表　　　　　单位：元

类别	服装	徒步装备	交通食宿	门票	合计
价格	8 000	6 000	10 000	3 000	27 000

本书以计算机平台 WPS Office 软件中的数字图表为例进行讲解。

（1）插入图表。在上一任务中完成活动目的"思维导图"PPT 页面后，选择"活动预算"PPT 页面，点击页面内容区域的"插入图表"按钮，或选择"插入"菜单栏中的"图表"按钮，在弹出页面中选择"饼图"，点击第一个"插入预设图表"缩略图，完成饼图的插入。

（2）修改数据。选中饼图，点击"图表数据"菜单栏中的"编辑数据"按钮，在弹出的"WPS 演示中的图表"页面中输入预算数据，如图 4-1-10 所示。

扫描封面
二维码可观
看操作视频

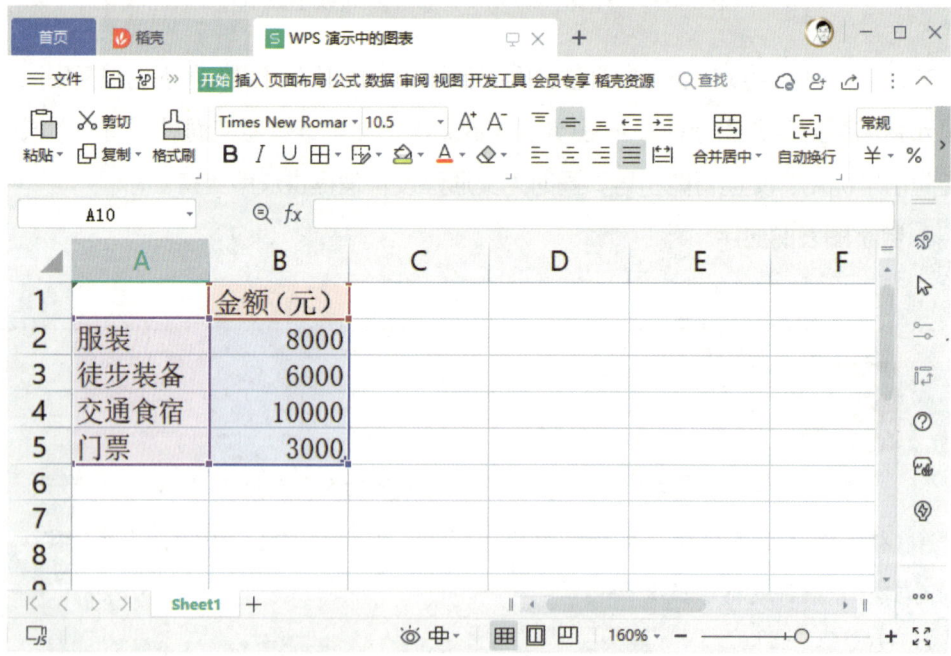

图 4-1-10　活动预算分析数据

（3）美化饼图。数据输入完成后关闭页面，PPT 中的饼图会根据数据自动更新。依次选择"图表工具""快速布局""快速布局 4"修改饼图布局，效果如图 4-1-11 所示。

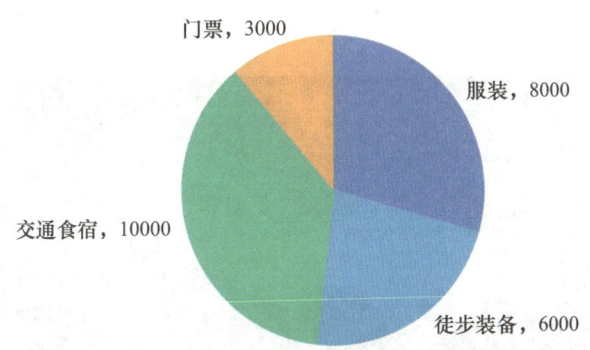

图 4-1-11 活动预算分析图表

拓展阅读 数字图表应用广泛，被 Microsoft Office、WPS Office 等办公软件作为内置的标配功能。同时，专业工具领域有"腾讯云图"（见图 4-1-12）以及百度数据可视化工具"Sugar BI"（见图 4-1-13）。"Sugar BI"具有可视化图表处理能力及强大的交互分析能力，企业可使用"Sugar BI"助力业务决策。

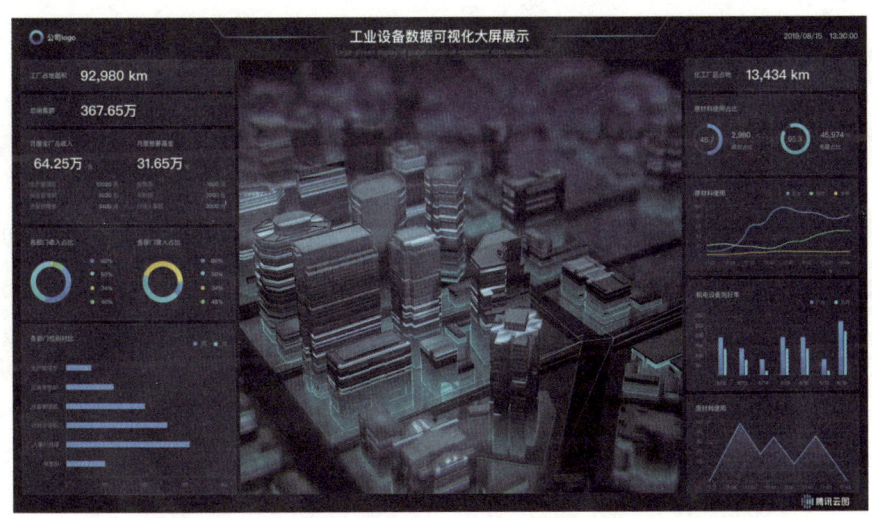

图 4-1-12 "腾讯云图"工业设备数据可视化案例

图 4-1-13 百度数据可视化工具"Sugar BI"示例

三、逻辑图分析问题

小吴初步拟定的公司徒步活动流程是：上午8时在公司集合，乘坐大巴车前往景点，在车上吃早餐；9时到达景点，全体人员徒步到目的地后打卡合影，再到达景区指定地点吃午餐；14时组织跨部门拓展活动；16时30分返程，预计17时30分到达公司。由于文字描述不直观，所以小吴决定在PPT中把以上文字信息绘制成逻辑图。

1. 什么是逻辑图

逻辑图是指所有活动及它们之间依赖关系的图，常见的工作流程图、组织结构图，计算机领域的程序流程图、ER图、网络拓扑图，管理领域的甘特图、泳道图、因果图等反映事物或知识内在逻辑的图都可以称为逻辑图。逻辑图可以有不同的逻辑结构，如并列结构、流程顺序结构、循环结构、从属结构等。如图4-1-14所示是WPS

Office 软件提供的"智能图形"工具，如图 4-1-15 所示是 Microsoft Office 提供的"SmartArt 图形"工具，这些都是我们常用的逻辑图绘制工具。

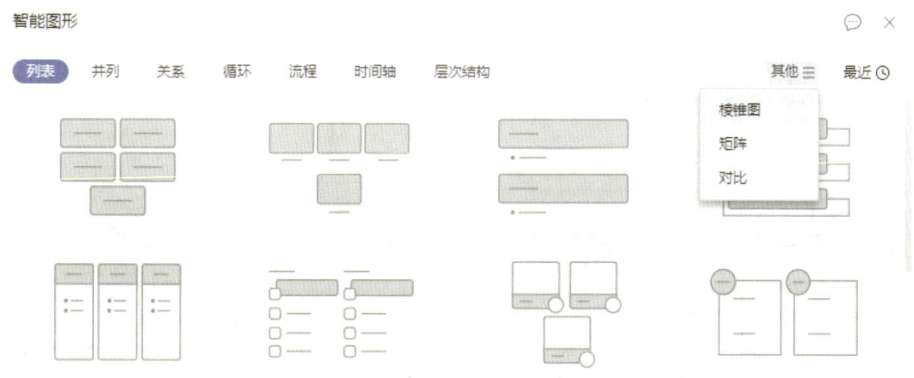

图 4-1-14　WPS Office 的"智能图形"工具

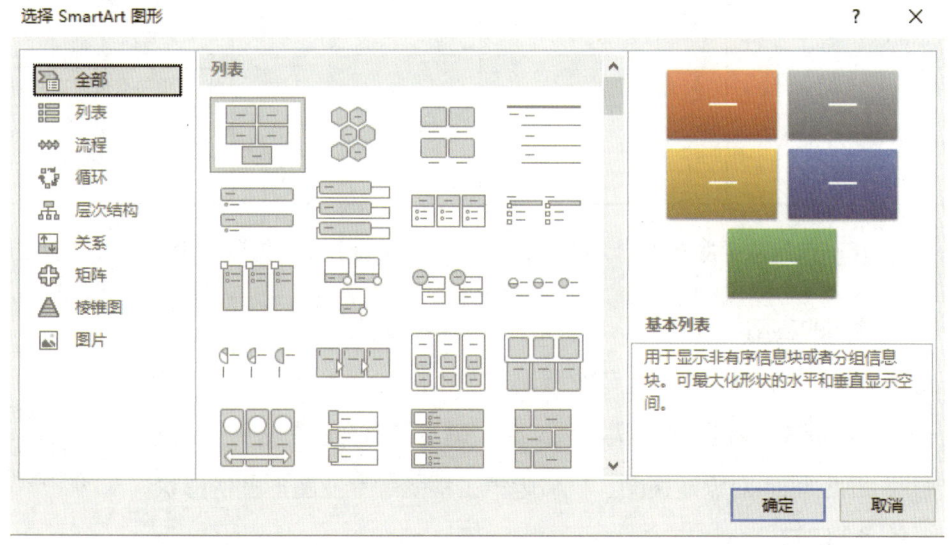

图 4-1-15　Microsoft Office 的"SmartArt 图形"工具

2. 逻辑图的作用

相对于思维导图的思维可视化和数字图表的数据可视化，逻辑图更加强调事物及其内部之间的内在逻辑可视化，所以它用于解决逻辑性问题。如在计算机领域，逻辑图用于程序设计、软件工程、网络工程中；在日常事务中，逻辑图用于表述事务流程。如图 4-1-16 所示是广东政务服务网个人权益记录（参保证明）查询打印网上业务办理流程图，其相对于文字性说明更加直观清晰。

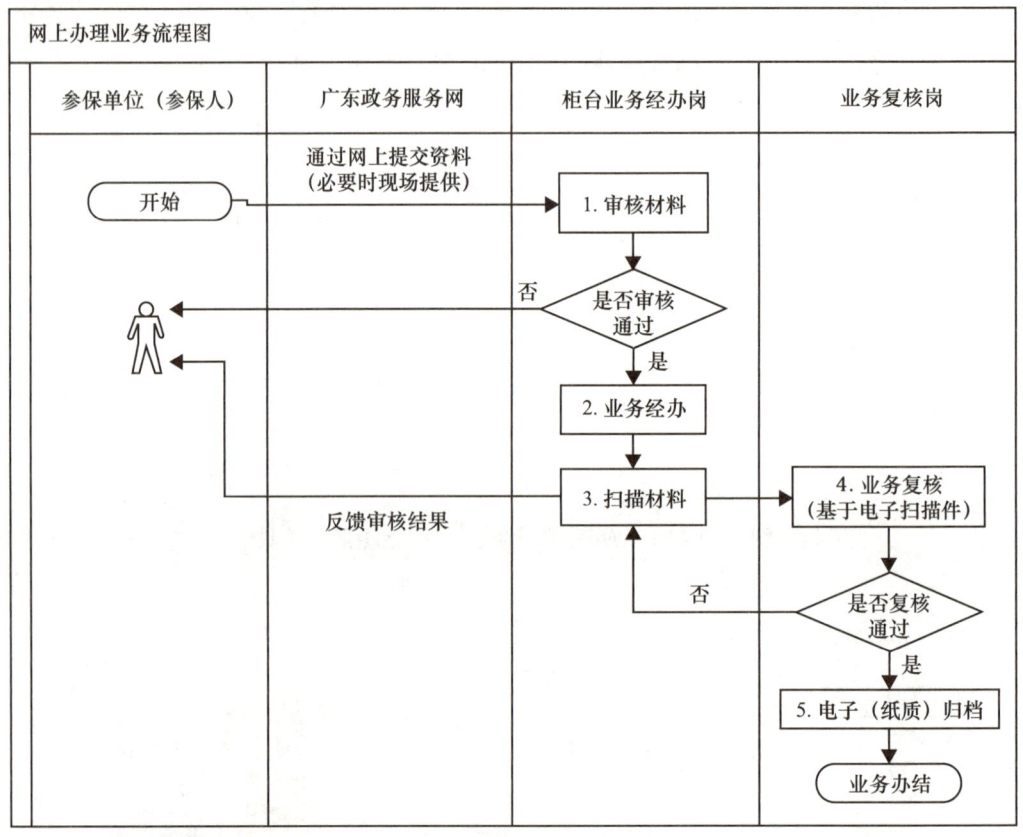

图 4-1-16 广东政务服务网个人权益记录（参保证明）查询打印网上业务办理流程图

3. 逻辑图的应用

逻辑图绘制工具有通用型专业绘制软件 Microsoft Visio（图标见图 4-1-17），其特点是图例形状丰富，除了基本的流程图外，还包含软件数据库 UML 面向对象建模图、机械电气工程图等专业图形图例形状，如图 4-1-18 所示。

> 扫描封面
> 二维码可观
> 看操作视频

图 4-1-17 Microsoft Visio 图标

第 4 章·数字问题解决能力

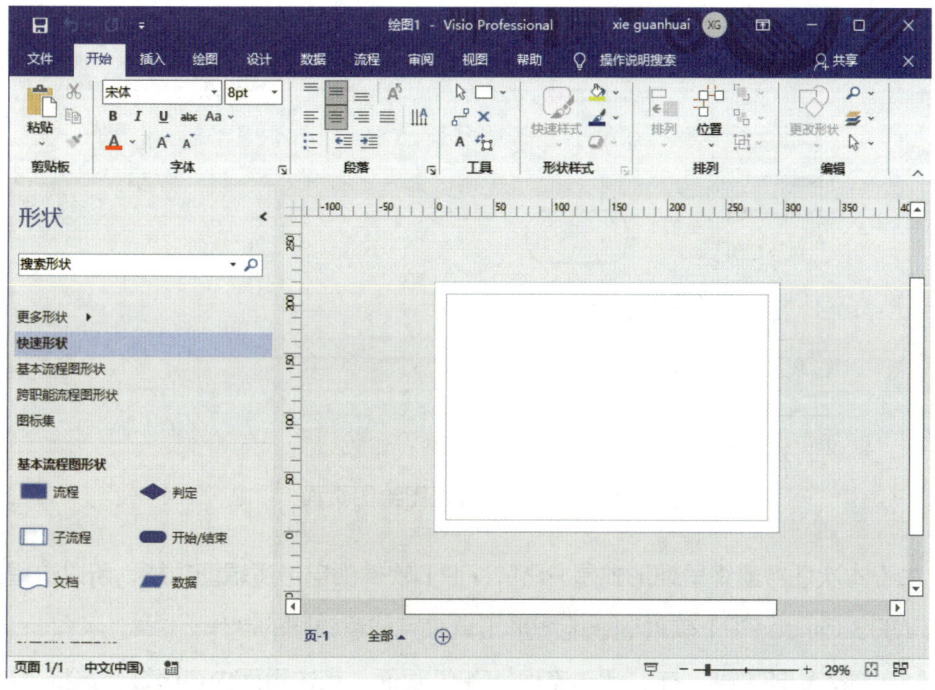

图 4-1-18　Microsoft Visio 绘图页面

流程图作为逻辑图的一种形式，WPS Office 提供了专业绘制工具，使用方法如下：打开 WPS Office 软件，点击左侧菜单栏"新建"按钮，在新建页面点击左侧列表的"流程图"按钮（见图 4-1-19），在主页面中点击"新建空白流程图"缩略图，创建一个空白流程图，如图 4-1-20 所示。

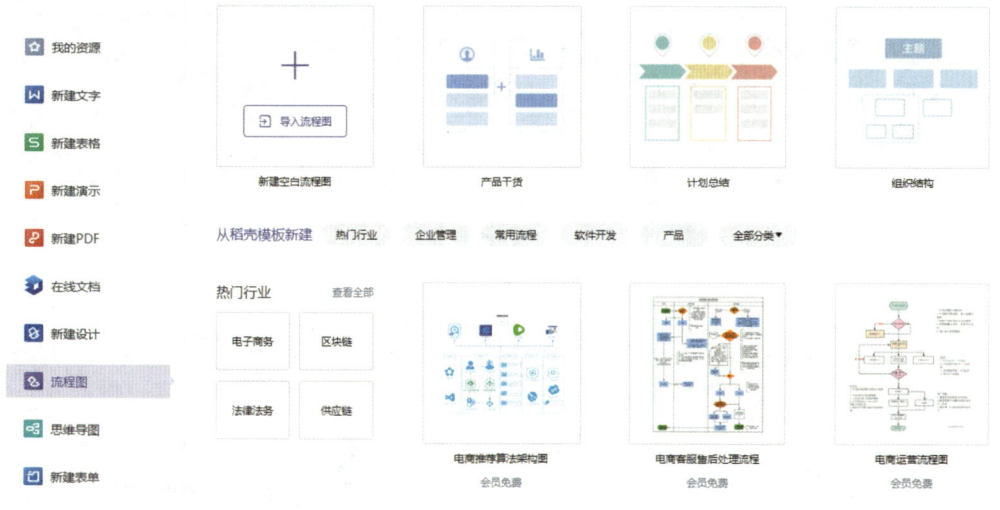

图 4-1-19　新建流程图页面

数字技能

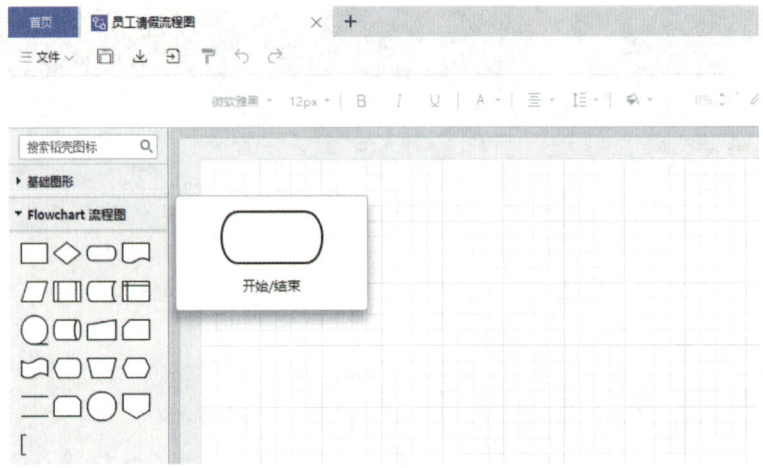

图 4-1-20　流程图绘图页面

由于本次任务最终呈现形式是 PPT，PPT 软件都自带逻辑图功能，所以这里直接使用 WPS Office PPT 软件的智能图形工具来完成逻辑图的制作。

（1）插入智能图形。在"活动流程"PPT 页面，点击页面内容区域，选择"插入"菜单栏中的"智能图形"按钮，在弹出页面中选择"时间轴"（见图 4-1-21），选择"5 项"的时间轴逻辑图插入。

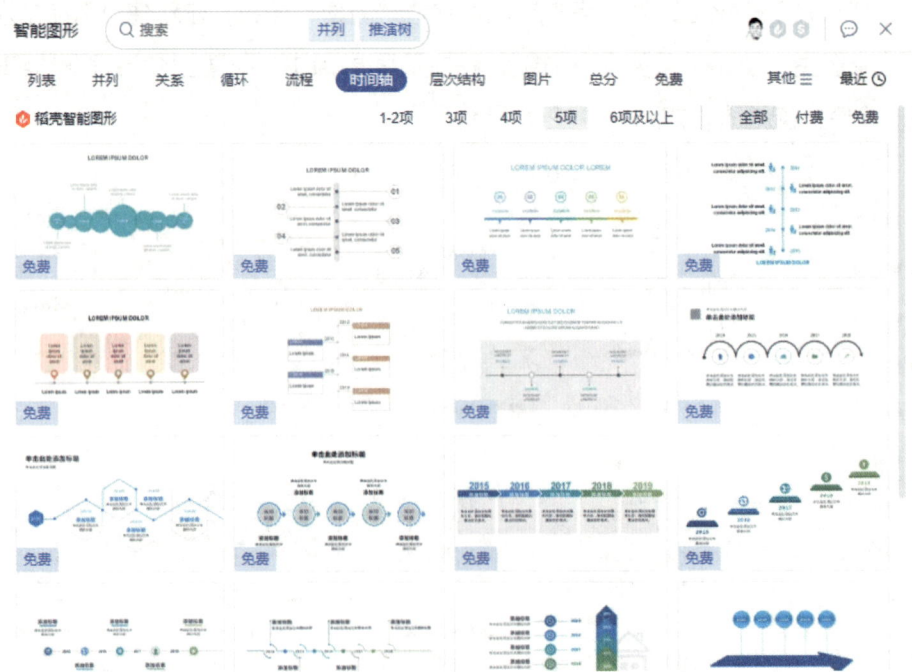

图 4-1-21　智能图形中的流程图页面

（2）在了解策划文字信息的基础上，根据流程图顺序输入文本，完成后如图 4-1-22 所示。

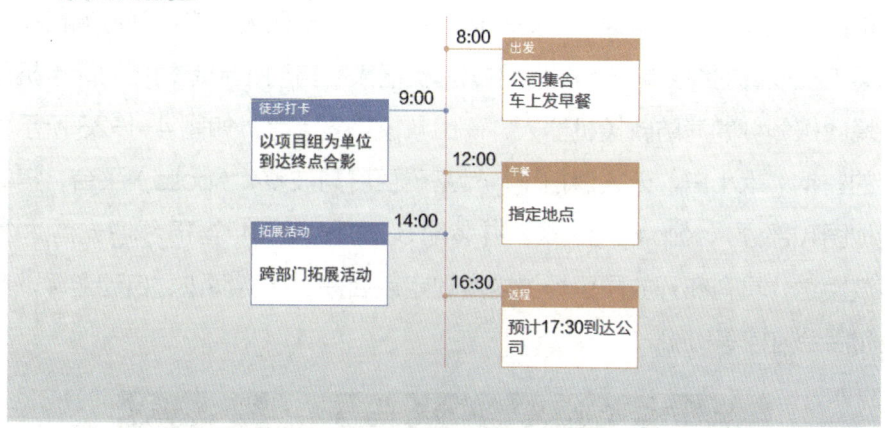

图 4-1-22　活动流程逻辑图

> **拓展阅读**　常规逻辑图绘制工具品类繁多，有亿图图示、ProcessOn 等以美观易用见长的国内商业型产品，也有集成在通用办公软件中的产品，如 WPS Office、Microsoft Office。

四、AI 技术辅助分析问题

1. 什么是 AI 技术

人工智能（artificial intelligence，AI）是研究、开发用于模拟、延伸和扩展人的智能的理论、方法、技术及应用系统的一门新的计算机技术，该领域的研究包括图像识别、自然语言处理和机器学习等。人工智能自 20 世纪 50 年代提出以来取得了长足发展，被认为是 21 世纪三大尖端技术之一。人工智能的核心是"机器学习"，是基于数学基础的"统计学""信息论"和"控制论"。目前热门的大数据、云计算、物联网等技术均与人工智能相关。

2. AI 技术有什么作用

人工智能技术应用广泛。在单项技术应用方面，自然语言处理技术主要用于人机语音交互和机器翻译，有百度翻译等工具和科大讯飞翻译笔等设备；图像识别领域则有车牌识别、人脸识别等产品；专家决策系统领域，有谷歌的围棋智能程序阿尔法狗。技术集成产品方面的应用有医疗领域的达·芬奇手术机器人、交通领域的自动驾驶汽车、桥梁工程领域的缆索缺陷自动检测蛇形机器人、自动化制造领域的库卡机器人和危险环境救援领域的消防救援机器人、矿山救援机器人等。如图 4-1-23 所示为用于冬奥会的首钢"蜗小白"无人清扫车，其基于百度阿波罗（Apollo）平台，搭载了百度高精地图和部分 Apollo 应用模块，并装配 5 个摄像头、1 个 16 线激光雷达以及 12 个超声波雷达，具有在开放园区场景内实现定点启停、智能循迹、自动避障、自主清扫作业和后台监控等功能。

图 4-1-23 用于冬奥会的首钢"蜗小白"无人清扫车

3. 应用 AI 技术辅助分析问题

小吴希望此次徒步活动在市郊组织，但具体地点目前没有确定，他希望展示多个徒步地点供会议讨论，选择哪些地点更加合理呢？

目前，AI 技术已经深入我们的个人生活中，用于分析问题和提供决策，如"美团"App 基于位置信息和大数据提供智能就餐推荐，"高德地图"App 基于本地位置提供"附近"美食、酒店、景点、商超、厕所等分类搜索推荐。

在本次任务中，可以使用"高德地图"App 的周边推荐来完成智能推荐。

（1）打开手机端"高德地图"App，点击底部搜索栏的语音按钮，说出"广州徒步"，即可出现游玩地点推荐，根据提示点击底部"查看全部结果"，如图 4-1-24 所示。其搜索结果中有 2 个协会和 1 个公司，其并不完全是按照"广州徒步"关键字来呈现结果的，而是平台端"理解"了我们的徒步需求，智能推荐了相关地点。

> 扫描封面二维码可观看操作视频

图 4-1-24　语音搜索"广州徒步"结果截图

（2）定位公司位置（以广汽中心为例），依次选择"周边→景点→周边游→爬山"，则可获得另一组推荐，如图 4-1-25 所示。这些推荐主要是通过位置信息和"高德地图"App 掌握的评价数据智能推荐给我们的，相比第一种搜索方式智能化更低一些。

数字技能

图 4-1-25 "高德地图" App 周边游爬山推荐截图

拓展阅读 专业开发领域，百度的 AI 开放平台（https://ai.baidu.com）具有全栈的 AI 能力，提供了全面的问题分析解决框架。科大讯飞旗下的讯飞开放平台（https://www.xfyun.cn/）则基于其强大的自然语言处理技术，提供了包括翻译、在线语音合成、实时语音转写等开发接口，供开发者分析和解决实际问题。

 **总结与情景拓展**

总结

通过以上学习,我们对如何使用数字技能分析问题有了初步的认识,能够根据不同问题选择思维导图、数字图表、流程图、地图等直观的可视化图形准确地传达信息。

应用情景拓展

小吴经常用计算机的思维导图软件来分析梳理新能源汽车的常见故障,大大缩短了故障检测时间。请你根据自己的工作实际,使用在线思维导图来分析一下自己在工作中的一些问题,以提高工作效率吧。

第2节 数字技能参与决策

学习情景

小吴是汽车4S店新能源维修组组长,在周一工作例会上,小吴已经使用徒步活动策划PPT向相关部门领导做了汇报,活动得到了公司领导的支持。会议确定了活动目的地是位于广州市从化区的白水寨风景名胜景区,活动中的一些相关问题需要小吴进一步落实。

1. 细化活动流程,听取员工意见,确定徒步中的趣味活动。
2. 明确徒步路线,确定好食宿事项。

如果你是小吴,你将如何开展这项工作呢?

核心要素

头脑风暴是汇集团队灵感创意的有效手段,也是我们用于解决开放性问题的重要方式。相比于传统的线下头脑风暴活动,线上的头脑风暴耗时短、易于统计和分析。投票是民主集中制决策管理的重要手段,常用于收集意见和群体决策。AI技术可以给出相对合理的方案供决策者选择,或直接执行决策。

根据学习情境,小吴决定使用线上头脑风暴方式充分听取员工意见,初选10个徒步中的趣味活动,再通过投票来确定5个正式的趣味活动,在充分考虑趣味活动的同时利用AI技术规划徒步路线。

通过完成本次任务,我们将具备以下能力。

1. 能够使用线上头脑风暴方式初选徒步中的趣味活动。
2. 能够使用线上投票确定徒步中的趣味活动。
3. 能够借助线上地图软件规划徒步活动路线。

一、在线头脑风暴参与讨论决策

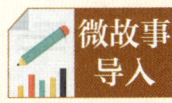

小吴为了充分听取大家的意见,想找大家开一个线下头脑风暴会议,但由于各部门工作繁忙,且多个部门都要随时接待客户,难以统一时间。于是他决定使用线上头脑风暴方式来听取员工意见,以便进行下一步决策。

线上头脑风暴与线下头脑风暴有较大的区别,线上头脑风暴采用匿名形式且能够实时查看所有人填写的信息,效果更佳。

最后,小吴使用了名为"课堂有点酷"(http://www.ketang.cool/)线上头脑风暴工具来完成活动。

1. 什么是头脑风暴会议

在群体决策中,由于群体成员心理相互作用影响,易屈于权威或大多数人意见,形成所谓的"群体思维"。群体思维削弱了群体的批判精神和创造力,损害了决策的质量。为了保证群体决策的创造性,提高决策质量,发展出一系列改善群体决策的方法,头脑风暴会议是较为典型的一种方法。

头脑风暴会议一般流程如图 4-2-1 所示。

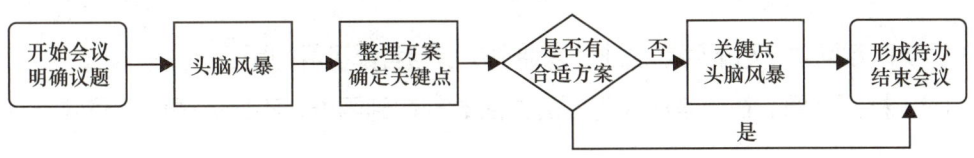

图 4-2-1　常规头脑风暴会议流程

(1) 由会议主持人员召集相关人员,向与会者阐明会议议题或要解决的问题。

(2) 引导参会人员采用发散思维,围绕议题提出见解,并尽可能创造融洽、轻松的会议氛围,对所有见解不予置评。

(3) 会议主持人及各参与人员围绕所提出的见解展开探讨,梳理出解决问题的关

键点和有效的解决方案。

（4）如有必要，可以针对解决问题的关键点再次展开头脑风暴，以获取更多解决方案。

（5）对所有解决方案进行梳理和决策，形成落地计划或会议待办事项，会议结束。

2. 头脑风暴会议有什么作用

常见头脑风暴会议能够有效解决群体决策中从众心理和各种顾虑，集思广益，获得解决问题的有效方案。

除了前面提到的常规头脑风暴会议流程，还有一些头脑风暴形式，如引导式头脑风暴、逆向头脑风暴、优缺点对比分析和脑力写作等。

以逆向头脑风暴为例，其步骤如图 4-2-2 所示。

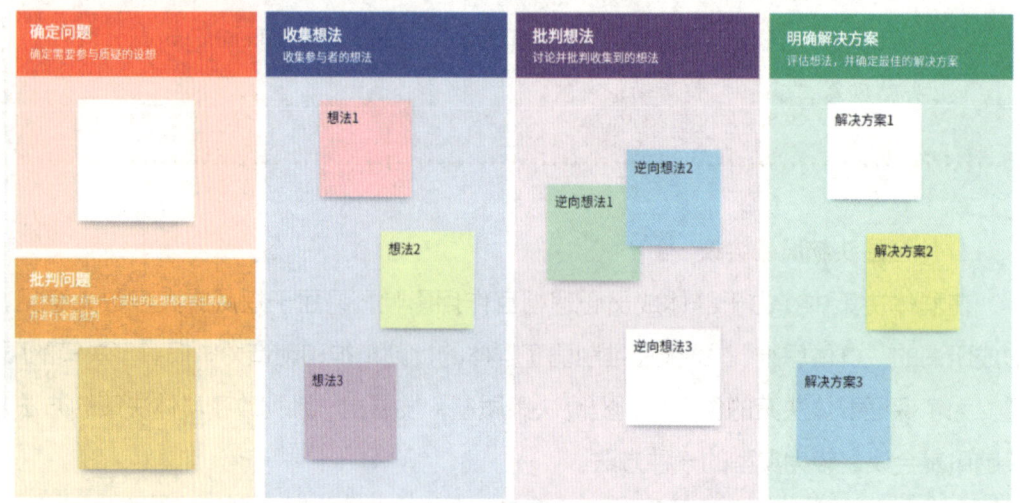

图 4-2-2 "BoardMix" 软件中的逆向头脑风暴图

（1）确定问题。写下问题描述，以便每个参与者都了解问题。

（2）批判问题。在思考解决问题的办法时若遇到困难，不如去想可能导致问题恶化的原因或事情。

（3）收集参与者的想法。

（4）批判性地讨论所收集到的想法，并把它们转化为解决这些问题的方法。

（5）评估这些想法。决定问题的最佳解决方案。

第 4 章・数字问题解决能力

> **拓展阅读** "BoardMix"软件（https://boardmix.cn/）是万兴科技生态的一个在线协作白板，集自由布局、画笔、便笺、多媒体呈现、脑图、文档多种团队免费协作创意功能于一体。

综上所述，不管是什么形式的头脑风暴，其目的只有一个，就是汇聚群体智慧，解决具体问题。

3. 怎么应用头脑风暴参与讨论决策

"课堂有点酷"（http://www.ketang.cool/）是一款用于分享、互动的工具，首页如图 4-2-3 所示。小吴使用该工具开展在线头脑风暴活动，其使用步骤如下。

> 扫描封面
> 二维码可观
> 看操作视频

图 4-2-3 "课堂有点酷"主页面

（1）在计算机平台的"课堂有点酷"网页中先完成注册和登录。

（2）在计算机中点击网页中的"纸条范"链接，点击"创建活动"按钮，创建"纸条范"任务，如图 4-2-4 所示。

（3）按提示依次填写头脑风暴的名称和研讨的问题，并选择"不需要实名制"，点击"保存内容，获取二维码和展示链接"按钮，即可发布线上头脑风暴活动。

（4）提醒线上头脑风暴参与人员使用手机对发布的二维码扫码，并发表自己的观点，同时可以查看和点赞他人发布的观点。

数字技能

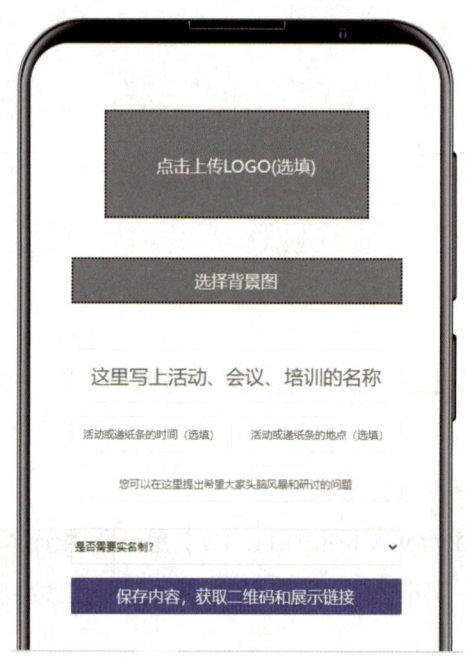

图 4-2-4 "纸条范"发布页面

（5）在活动结束后，线上头脑风暴主持人员收集整理大家提交的观点，分析其合理性，选择点赞数前 5 个的徒步趣味活动，并通过投票来最终确定趣味活动项目。

二、数字投票参与群体决策

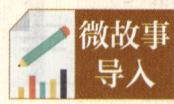

小吴整理好线上头脑风暴的相关意见后，剔除明显不合理的意见，把线上头脑风暴中点赞数前 5 个的徒步趣味活动列出。他准备以一人一票的方式匿名选出票数前 3 的活动作为正式的徒步活动。为此，小吴决定使用微信中的"腾讯投票"小程序来完成该工作。

1. 什么是数字投票

通过投票可以从统计学意义上获取群体对某一个问题或事物的具体看法，广泛应用于政治、经济等各类社会活动中，是汇聚群体共识、群体参与决策的有效方式。

2. 数字投票的作用

与传统投票相比，数字投票可以实时展示投票统计情况，以及已经投票人员和未投票人员情况。数字投票还可以通过设置投票选项的顺序随机呈现，最大限度地排除选项顺序对投票的影响。

我们可以通过数字手段开展在线投票和问卷调查等工作，如"问卷星""麦克表单"都是免费的问卷及表单收集工具。

3. 应用数字投票参与群体决策

为了实现一人一票、匿名投票，小吴通过微信中的"腾讯投票"小程序来确定此次徒步活动中的趣味项目。

> 扫描封面
> 二维码可观
> 看操作视频

（1）在微信中搜索"腾讯投票"小程序，微信授权后在"腾讯投票"新建页面。

（2）由于计划让每个人可以选择多个徒步活动选项，故点击"多选投票"按钮，进入"创建多选投票"页面，填写"投票标题"和"补充描述（选填）"以及选项等内容，如图 4-2-5 所示。

图 4-2-5 "腾讯投票"创建页面和多选投票创建页面

（3）在"创建投票"页面设置截止日期和时间、是否匿名投票和是否限制传播。为了实现"一人一票"，选择"匿名投票"和"限制传播"，完成填写后如图4-2-6所示。

（4）点击"完成"按钮，进入投票页面。点击右上角的 进行分享，在弹出的底部菜单中选择"转发"，转发到要投票的微信群。

（5）微信群内成员点击分享链接，即可进行投票，投票完成后可以实时查看目前的投票数据。投票发起人员可以点击最下方的"显示详情"按钮，查看参与投票的人员及其投票选项，如图4-2-7所示。

（6）完成投票后整理投票结果，将其中投票数排名前3的活动作为徒步活动中的趣味活动。

图 4-2-6　创建投票填写页面

图 4-2-7　用户"投票页面"及管理员查看的"显示详情"页面

三、AI 辅助决策

1. 什么是 AI 辅助决策

AI 辅助决策是指利用深度学习所形成的优秀算法，对具体问题提出解决方案供用户选择或综合决策。

2. AI 辅助决策的作用

AI 辅助决策基于深度学习（机器学习）而不断优化算法模型，能够为我们提供问题解决的多种优化方案，甚至根据预设直接作出决策，解决实际问题。在智能出行方面，高德地图等导航会根据每个人的出行习惯、拥堵情况、经济选择（自驾或打车）和路线熟悉情况而推荐不同的路线或推荐多条路线供选择，如图 4-2-8 所示。电商平台会根据你的商品浏览或关键字搜索情况智能推荐类似商品供选择。在城市管理方面，阿里城市大脑能够根据实时交通情况智能调整红绿灯，或提示城市交通管理部门动态调整红绿灯来优化交通拥堵情况。

图 4-2-8　高德地图导航推荐

3. 应用 AI 辅助决策

微故事导入

小吴和同事们徒步活动集合的时间正值上班高峰期，为减少通勤时间，小吴决定使用"高德地图"App 提供的路线前往。

（1）小吴使用了小米手机的智能语音"小爱同学"，他对手机说："小爱同学，开车导航去白水寨。"

（2）小爱同学语音助理自动调用"高德地图"App，并自动完成路线规划，进入路线导航模式。此过程中小爱同学语音助理通过 AI 语音识别后直接执行用户发送的语

数字技能

音命令，调用"高德地图"App；"高德地图"App 接受导航指令后根据用户过往路线偏好习惯直接决策，为小吴选择最优路线并开始导航。

总结与情景拓展

总结

通过以上学习，我们对如何使用数字技能决策问题有了初步认识，能够根据不同问题选择头脑风暴、数字投票、路线推荐等决策工具对具体问题作出决策。

应用情景拓展

小吴在之后的工作中，召集维修小组对新能源汽车常见故障的维修方法展开头脑风暴会议，集思广益，制作了常见故障维修指南，用于维修人员的内部培训。请你根据自己的工作实际，使用数字技能来决策工作中的常见问题吧。

第3节 数字技能优化实施

学习情景

上一任务中,小吴通过头脑风暴、数字投票和智能地图,已经完成了跨部门团队户外徒步活动的相关决策工作,确定了具体的徒步路线及徒步中的活动。接下来,他要收集员工个人信息以购买意外伤害保险、编制活动安排表、收集徒步过程中的照片和视频;为了不影响正常工作,小吴要远程处理维修单审批;同时,在徒步过程中,小吴也希望了解自己徒步步数和心率数据。

核心要素

数字技术能够改变传统的信息收集方法,优化实施流程。根据工作情境,小吴需要使用在线表单工具收集个人信息用于保险购买、使用在线文档共同编制出行手册、使用在线云实时收集徒步中的照片视频、使用OA系统在线处理工作、应用手机健康App或智能手环、手表等设备开展运动健康监测和步数统计。

通过完成本次任务,我们将具备以下能力。

1. 能够应用在线表单收集信息,优化信息收集流程。
2. 能够应用在线文档进行团队协作编辑,优化文档协同方式。
3. 能够应用云技术实现文件或照片共享,优化组织资源管理。
4. 能够应用自动化办公系统在线审批,实现远程办公。
5. 能够应用智能设备进行实时健康监测和步数统计。

一、在线表单优化数据收集

为确保员工在徒步途中的安全,领导同意小吴为所有参与活动的员

工购买意外伤害保险。小吴根据保险公司要求，收集要参与徒步员工的姓名、身份证号码等信息，决定使用在线表单方式完成工作。

1. 什么是在线表单

在线表单是利用网页技术，向用户发起信息数据收集的在线网页，其有效提升了信息获取的工作效率。在表单发起者的网页管理后台，可以通过表格等形式查看获取的信息，并对信息进行分析和处理。常见的在线表单形式包括文本表单、下拉选项、单选按钮、多选按钮等，用于获取用户的用户名、密码、邮箱和评论等各种信息。

2. 在线表单的作用

在线表单是在线文档的一种形式，可用于信息收集、问卷调查、文件收集、接龙和打卡等。如图 4-3-1 所示是金山文档在线表单"从场景新建"的页面截图。

图 4-3-1　金山文档在线表单新建页面

根据收集信息类型的不同，其题型也多种多样，常见的有问答题、单选题、多选题、获取定位、上传图片或文件等。如图 4-3-2 和图 4-3-3 左边所示分别为金山文档和腾讯文档表单编辑页面提供的题型类别。

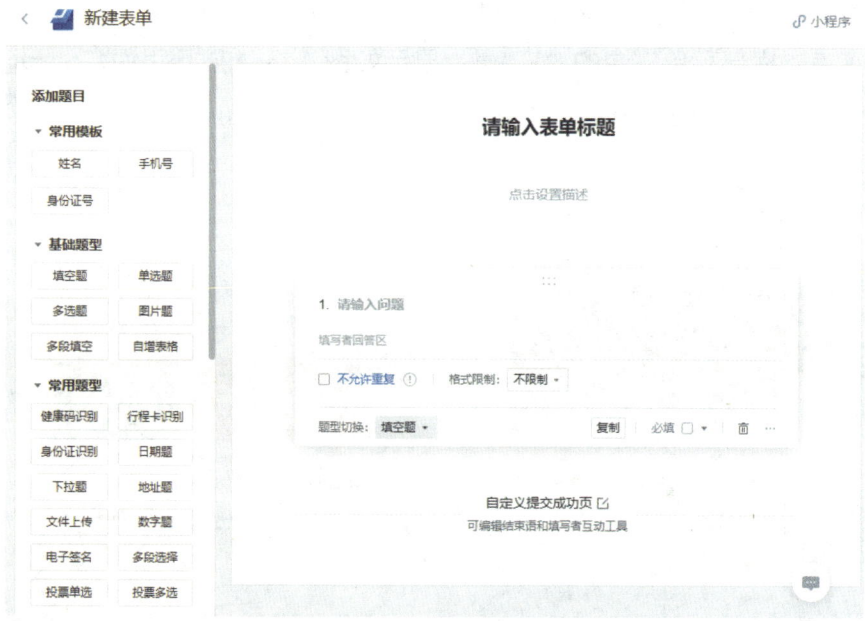

图 4-3-2 金山文档表单题型类别

图 4-3-3 腾讯文档表单题型类别

3. 应用在线表单优化数据收集

本书以微信中"腾讯文档"小程序为例来介绍数据收集的方法。

数字技能

（1）在微信中搜索"腾讯文档"，打开"腾讯文档"小程序并登录。

（2）点击底部菜单栏中的"+"号，显示如图 4-3-4 所示页面，选择"在线收集表"，进入表单新建页面，如图 4-3-5 所示。

> 扫描封面二维码可观看操作视频

图 4-3-4　在线文档新建页面　　　图 4-3-5　表单新建页面

（3）点击"+"号缩略图，进入"空白收集表"编辑页面，如图 4-3-6 所示。输入内容标题和题目，点击第二题左下方的"单选题"按钮，修改题型为"问答题"，点击第二题右下方的"…"符号，出现如图 4-3-7 所示菜单页面，依次选择"数据验证"和"身份证"后，回到问卷编辑页面。

（4）为了方便统计填写人员，可点击标题下方的"+ 填写名单"按钮，如果之前没有对应名单，可以点击顶部的"新建名单"按钮，填写此次徒步活动参与人员名单。填写完成后回到"设置填写人名单"页面，选择新建的名单（见图 4-3-8），点击右下方"完成"按钮，回到问卷编辑页面，即可完成填写人员名单设置。

（5）点击底部"发布"按钮，选择"所有人可填写"，并点击"微信好友"图标，分享到活动微信群。后续可以通过"统计"页面查看填写进度，并可点击"关联结果到表格"按钮查看收集到的信息，如图 4-3-9 所示。还可以通过"设置"页面设置"截止时间""对外公布收集总数"等信息。

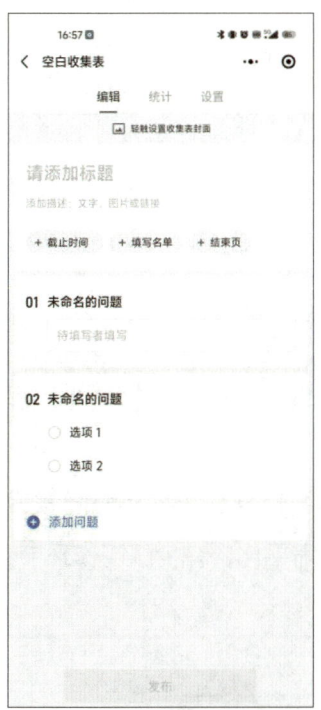

图 4-3-6　问卷编辑页面

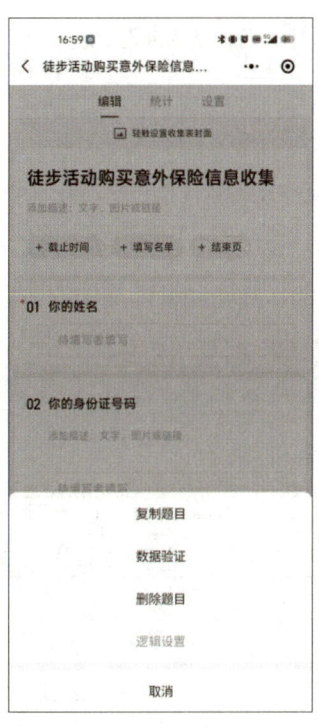

图 4-3-7　设置题目验证

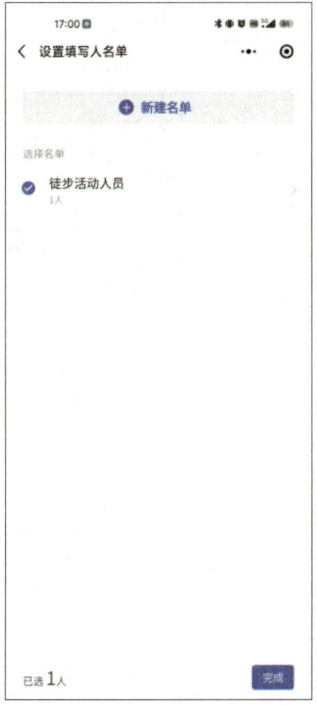

图 4-3-8　设置填写人名单

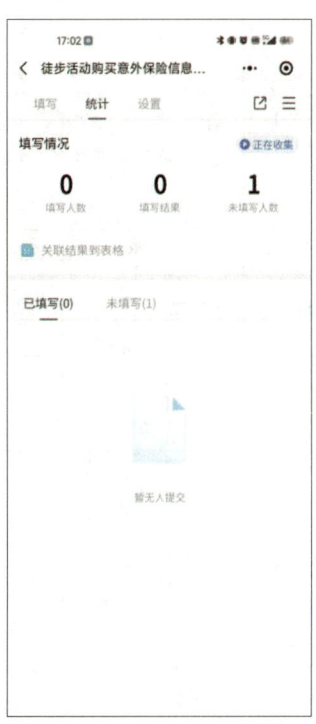

图 4-3-9　数据统计页面

二、在线协同优化文档处理

1. 什么是在线文档协同

这里的在线文档，指的是通过网页或者程序实现实时在线编辑的文本、表格或演示文稿文档。在线文档协同是指通过链接分享和授权管理，实现多人实时在线共同编辑同一个文档，并自动管理文档的编辑操作。

2. 在线文档协作的作用

通过在线文档协同，可以实现多人实时在线编辑同一个文档，有效解决在文档汇总过程中的各种问题。

如图4-3-10和图4-3-11所示是单机文档编辑与在线文档协同编辑的流程。通过比较我们可以发现，在线文档协同实现了业务扁平化，减少了工作环节和沟通成本，大大提高了工作效率。

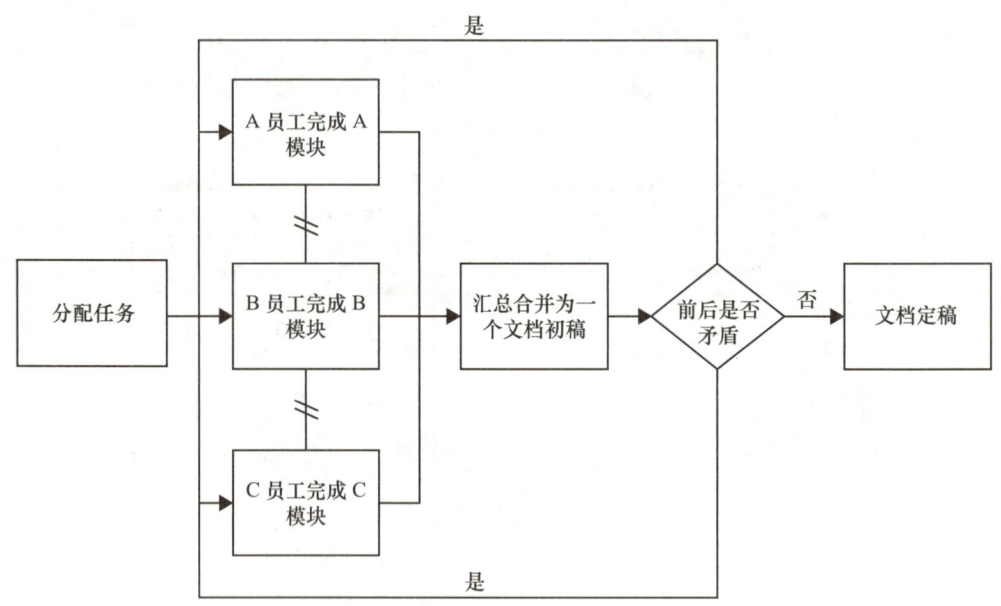

图4-3-10　单机文档分工处理流程

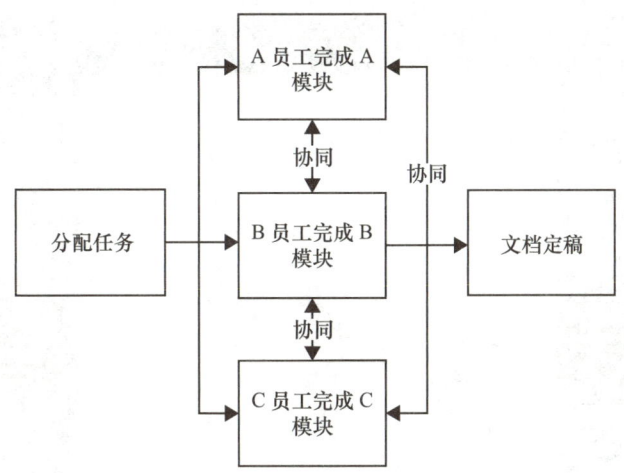

图 4-3-11　在线文档协同处理流程

3. 应用在线文档协同优化文档处理

小吴完成徒步活动意外伤害保险购买后，开始着手准备徒步活动安排表的编制，由于安排表涉及多个部门，为避免烦琐的沟通，其将安排表转为在线文档编辑方式，让各部门负责人员共同编制。

由于徒步活动安排表涉及的内容多，为了高效完成，小吴计划通过在线协同处理方式完成徒步活动安排表的编辑。本书以计算机平台"金山文档"软件为例，讲解操作步骤。

扫描封面二维码可观看操作视频

（1）打开金山文档软件，点击"+新建"按钮，选择"在线应用"中的"表格"，完成基本页面的编写。

（2）点击页面右上角的"分享"按钮，选择"指定分享的人""可编辑"，如图 4-3-12 所示。

（3）点击"指定微信好友"图标，通过微信扫码后将页面分享给需要协同编辑文档的微信好友。

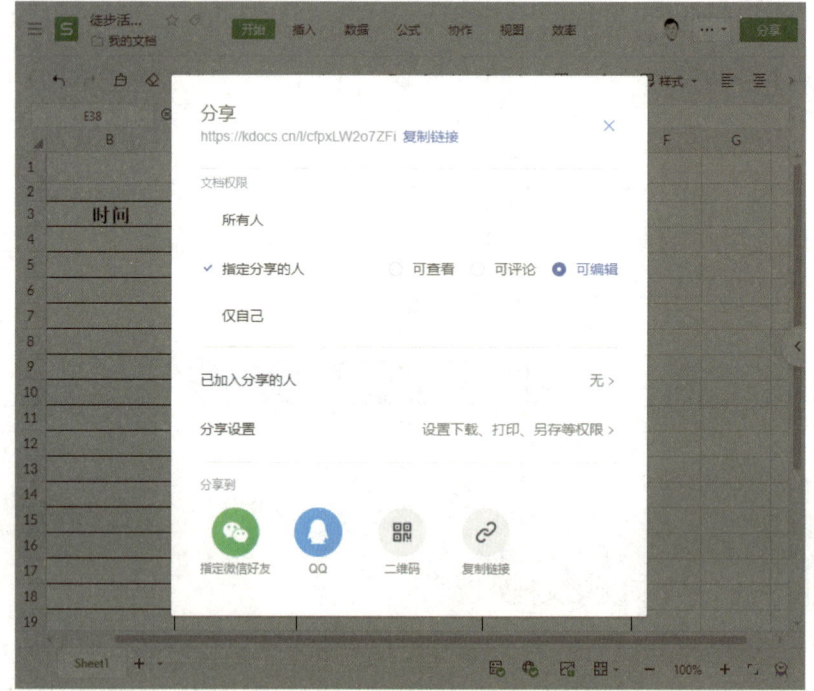

图 4-3-12　在线文档分享设置

（4）完成文档协同编辑后，可以再次点击"分享"按钮，设置为"所有人""可查看"，将文档分享到微信群，供所有徒步人员在线查看。

三、云技术优化文件共享和组织知识管理

1. 什么是云技术

云技术是指将硬件、软件、网络等系列资源统一起来，实现网络数据的计算、储存和共享的一种托管技术，如阿里云、亚马逊云等云服务商可以提供弹性云服务器、云储存和云计算等服务。

本节主要内容涉及云储存技术，指应用云端储存空间开展资源管理和共享的公共云应用服务，如百度网盘、阿里网盘和腾讯网盘等。

2. 云技术的作用

云技术可以将主要资源通过虚拟化技术区分成多个主体供不同用户使用，也可以通过虚拟化、分布式等技术实现资源聚合成为名义上的单个主体，拥有超级计算机的运算和储存能力。

以分布式储存为例，通过云技术可以对海量的资源进行分布式储存、计算和管理，并应用冗余存储的方式保证数据的可靠性。所以，理论上来说，我们把照片储存到云端，要比把照片单独储存在计算机硬盘安全得多。同时，云技术共享和协同功能也为我们提供了诸多便利。以百度网盘为例，我们可以通过其对个人或组织知识进行管理，还可以通过云同步实时备份本地文件，确保数据安全，如图 4-3-13 所示。

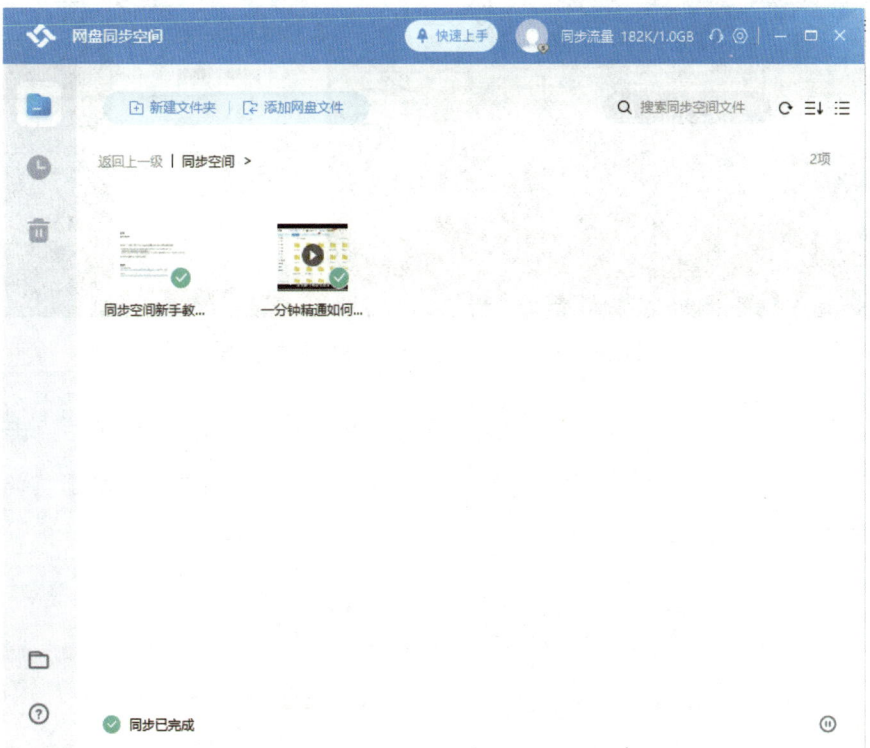

图 4-3-13　百度网盘提供的同步空间

3. 怎么应用云技术优化文件共享和组织知识管理

徒步活动开始后，小吴为了让每位参与活动的员工都能够分享自己拍摄的照片，同时也为了让未参与活动的员工都能够了解徒步活动状况，决定创建一个云相册，让所有员工都能够发布和查看照片。

数字技能

在本次任务中，小吴要实现照片的实时共享与长期管理，可以选用百度网盘提供的"一刻相册"工具。图 4-3-14 所示为"一刻相册"的官网介绍。本书以手机端"一刻相册"App 为例进行讲解。

图 4-3-14　"一刻相册"应用下载页面

（1）下载"一刻相册"App，注册账号或使用百度账号登录。登录后点击"创建相册"并选择"创建新相册"按钮，输入"徒步活动"作为相册名后点击"确认"按钮，完成相册的创建，如图 4-3-15 所示。

图 4-3-15　创建相册

（2）上传、分享照片。点击"徒步活动"相册缩略图，点击右下角的"+"即可上传照片。分享照片时，点击右上角的"…"，出现如图4-3-16所示页面，选择"复制分享口令"，之后会跳转到微信中，将分享口令分享给好友即可完成照片共享。

图 4-3-16　分享照片

四、信息系统优化组织流程

　　小吴所在的4S店已经应用企业微信实现了办公自动化，在徒步过程中如果公司有维修领料业务，小吴可以通过企业微信完成审批，并不影响驻店员工的工作开展。

1. 什么是信息系统

信息系统是由计算机硬件、网络和通信设备、计算机软件、信息资源、信息用户和规章制度组成的以处理信息流为目的的人机一体化系统，主要有 5 个基本功能，即对信息的输入、存储、处理、输出和控制。信息系统经历了简单的数据处理信息系统、孤立的业务管理信息系统、集成的智能信息系统 3 个发展阶段。

从信息系统的发展和特点来看，可分为数据处理系统（data processing system，DPS）、管理信息系统（management information system，MIS）、决策支持系统（decision sustainment system，DSS）、专家系统（人工智能的一个子集）和虚拟办公室（office automation，OA）5 种类型。

2. 信息系统的作用

（1）系统化管理。信息系统将人、材、物根据工作流程纳入其中进行管理。需要说明的是，信息系统开发时，并不是照搬线下的业务流程，而是会对流程进行优化甚至是组织再造。

（2）精细化管理。通过信息系统，可以实现大量的数据收集、统计和分析，对每一个环节都可以进行分析，能够做到精耕细作，节约成本。

（3）全过程动态管理与决策。通过信息系统，可以对业务进行实时监控，形成有效数据看板，实现对业务的全过程动态管理，甚至可以对进行中的业务进行预判，提前决策。

在办公自动化层面，企业微信和钉钉已经成为主流工具。一方面，它们自带丰富的管理审批功能和实时聊天群等功能，有效解决了企业沟通和审批两个主要问题；另一方面，其平台化的设计也为企业的二次开发提供了统一认证接口，企业可按需定制功能，实现无缝对接。如图 4-3-17 和图 4-3-18 所示分别是企业微信和钉钉创建组织的页面截图。

3. 应用信息系统优化组织流程

小吴在办理审批维修领料业务时，只应用了公司企业微信中的一种审批流程。企业微信内置了请假、报销、费用等多种审批模板，覆盖企业日常办公需要。

在没有信息系统前，小吴所在的维修部门要领取汽车零件，需要先填写纸质的零件领取单，层层审批，费时费力，流程如图 4-3-19 所示。现在，一线员工只需要在企业微信中填写"领料申请"，通过协同审批，由 6 个步骤缩短为 4 个，提高了效率，流程如图 4-3-20 所示。

 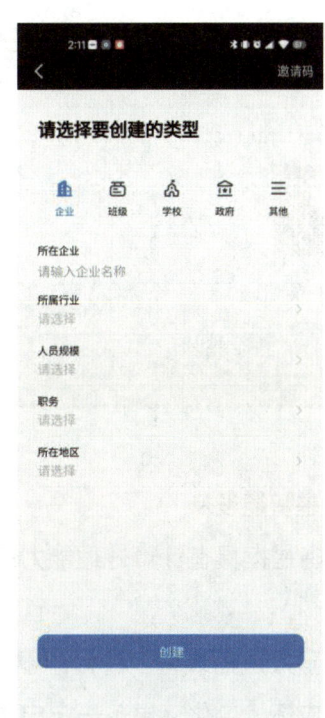

图 4-3-17　企业微信创建组织页面　　图 4-3-18　钉钉创建组织页面

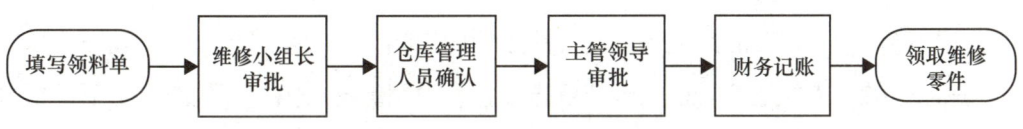

图 4-3-19　线下审批流程

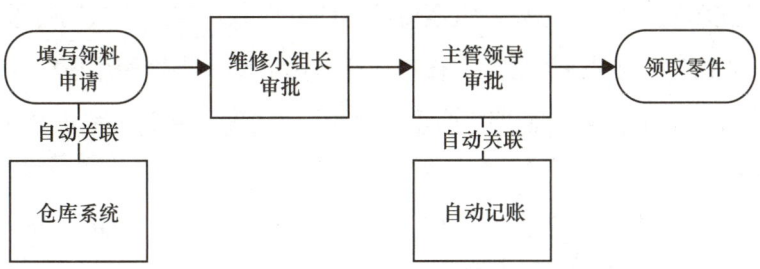

图 4-3-20　线上系统审批流程

五、智能设备优化实施与质量监控

小吴想购置一个智能手环，以在此次徒步活动时实时了解自己的运动步数、心率等情况。

1. 什么是智能设备

智能设备是指具有计算处理能力的设备、器械或机器，包括智能机器人、智能穿戴设备等。

智能机器人是指装有多种传感器，并能够将多种传感器探测到的信息进行融合，能够有效适应环境变化、具备一定自主学习功能的一类机器人。随着人工智能时代开启，机器人、信息、通信、人工智能进一步融合。在技术上，机器人技术从控制器、伺服电机、减速器等传统的工业技术向计算机视觉、自然语言处理、深度学习等人工智能技术方向演进。在应用上，机器人从工业用户向商用、家庭、个人等领域逐步推广，深入地融入人类社会。在人机交互方面，人类和机器人由相互隔离、互不干预发展到人机协作、交互融合。

智能穿戴设备是指对日常穿戴进行智能化设计的可穿戴设备的总称，它集成心率传感器、加速度传感器、陀螺仪、气压传感器等，可以实现对个人的睡眠质量、运动情况和心率健康的监测提醒等功能。在本次徒步活动中，小吴使用智能手环，可对自己的运动步数、心率进行实时监控，心率过高和运动达标时手环都会进行提醒。

2. 智能设备的作用

智能设备主要应用于工农业生产和个人生活。在工农业生产中主要以智能工业机器人为主，在个人生活中则以智能家庭设备等为主。

在智能工业机器人方面，典型代表为人机协作机器人，可在工厂中独立负责重复性工作，也可与工人进行同步协作，执行生产上下料、机器控制、包装和材料处理等多种任务，如图 4-3-21 所示 KUKA（库卡）工业机器人就是其中之一。在特种机器人方面，哈尔滨工业大学机器人集团研制成功并推出了排爆机器人、爬壁机器人、管道检查机器人和轮式车底盘检查机器人等多款特殊应用机器人;中国科学院沈阳自动化研究所在"十一五"863计划重点课题"废墟搜索与辅助救援机器人"中研制了可变性废墟搜救机器人(见图4-3-22)。同时,机器人还大量应用在智能服务、无人驾驶、医疗外科和智能物流等各个方面。

图4-3-21　KUKA(库卡)工业机器人

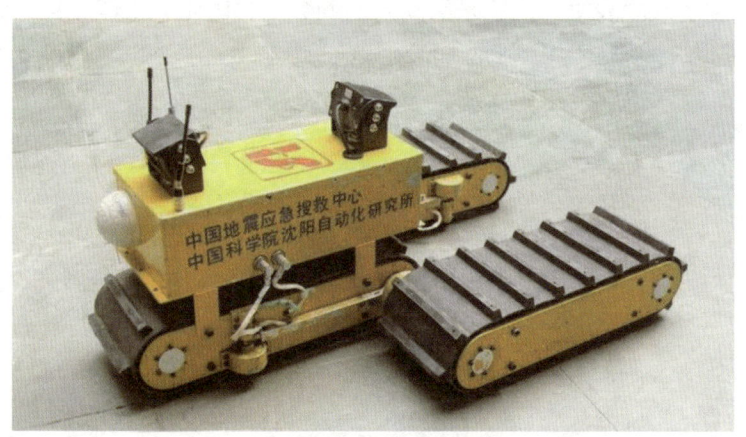

图4-3-22　废墟搜索与辅助救援机器人

3. 应用智能设备优化工作流程与质量监控

　　智能机器人已经在改变着常规的工作实施和质量控制流程。例如,无人机搭载农业遥感技术,用于农业数据的采集分析,帮助人们了解农田实时信息及农作物的生长状况,建立科学、精准的作业体系,减少日常作业中农资产品的浪费和对环境的污染;达·芬奇外科手术系统可以通过微创的方法,实施复杂的外科手术,减轻病人的痛苦。
　　智能家庭设备则是通过物联网技术,在家庭中通过智能网关集成智能语音设备、

数字技能

视频监控设备、红外传感设备、感光设备和烟雾传感设备等，实现语音控制、智能联动、消防警报等各种智能化场景。

总结与情景拓展

总结

通过以上学习，我们掌握了如何使用数字技能优化工作流程，包括使用在线表单工具收集个人信息、使用文档协同编制出行手册、使用云相册共享照片、使用自动化办公系统在线处理工作和应用智能手环开展运动健康监测和步数统计。

应用情景拓展

小吴在工作中要经常收集各类零件的消耗报表和采购清单，如果每个同事都通过聊天工具发送给他，小吴要接收很多次，还容易出现错漏，于是他采用了共享表单，汇总来自同事们的数据，优化了工作流程。请你结合自己的工作实际，将相关技能应用起来吧。

第5章

数字信息交流能力

数字技能

学习情景

小林是公司宣传部门的员工，负责公司宣传项目活动申报、活动组织策划及公众号、微博、客户往来邮件的发布。宣传事务需要良好的数字信息交流能力，在交流中，小林需要做好数字技术的互动及分享、与各部门同事进行数字技术协同、在政务系统等社会事务程序中进行活动报备等工作，工作过程中需要遵守互联网交流行为规范。目前，公司需要完成团队建设拓展活动的申报和组织工作，在这项工作中，小林需要完成项目的报备和申请，采购活动所需物资，并组织整个活动。活动前需要与客户和其他同事进行联系、发布活动消息；活动中需要处理突发情况、记录活动过程；活动后需要对活动进行宣传报道。如果你是小林，你将如何开展这项工作呢？

核心要素

数字技术是伴随社会发展和科技进步而生的技术，在数字技术的应用中，用户需要遵守互联网行为规范，与他人进行协同工作。

通过完成本次任务，我们将具备以下能力。

1. 能在个人及公众平台上发布图片、视频等素材并管理用户留言。

2. 能正确使用电子邮箱收发和处理邮件。

3. 能正确使用 WPS Office 等常用的协同办公工具进行文档和表格的协同工作，并能使用公共云盘上传、下载和分类整理资料。

4. 能正确使用网络会议屏幕进行资料共享、互动和保存网络会议资料。

5. 能正确使用手机与计算机互联并进行手机投屏。

6. 能正确使用相关工具制定和修改活动预算。

7. 能正确使用手机银行和手机支付等 App 进行物品采买支付。

8. 能通过政府服务平台等网上政务系统办理事务。

9. 能正确、文明地进行群体聊天和讨论，并在讨论活动中尊重个人隐私、遵守网络文明公约，文明上网。

第1节 数字技术互动及分享

小林是公司宣传部门的员工,近期公司举办的团建活动需要在公众号、微博和客户往来邮件中发布。小林已经完成了团建活动的照片和视频拍摄工作,按照公司宣传流程,需要先将视频和图像进行编辑处理,再由部门主管领导审核后发布。如果你是小林,你将如何开展这项工作呢?

在个人平台、公众平台上或使用电子邮件进行互动和分享,是常用的数字技术分享场景。分享时,对于推文、图片和视频都是需要认真编辑处理和严格审核的。现在比较流行的发布平台包含微信、微信公众号、微博、电子邮件等,这些平台是公众能够访问并发布评论的平台,发出去的内容更要严谨、真实和引导主流思想。

通过完成本次任务,我们将具备以下能力。

1. 能在个人平台上发布图片、视频等素材并管理用户留言。
2. 能在公众平台上发布图片、视频等素材并管理用户留言。
3. 能正确使用电子邮箱收发和处理邮件。

一、个人平台互动及分享

小林拍了很多团建时的照片和视频,她想在朋友圈中把这些照片和视频与同事们分享,同时又不想让仅有工作联系的其他广告卖家或微商看见。她决定让发出去的照片和视频分组可见。

数字技能

　　朋友圈一般指的是微信的一个社交功能，于2012年微信4.0版本更新时上线，用户可以通过朋友圈发表文字、图片和视频，同时可通过其他软件将文章、音乐、视频等分享到朋友圈。用户可以对好友新发的动态进行"评论"或"赞"，其他用户只能看相同好友的评论或赞。

1. 发布朋友圈

　　（1）打开手机版"微信"App，选择底部导航栏"发现"，选择"朋友圈"，在弹出的页面中点击右上角的照相机图标，选择"从手机相册选择"，可以直接发送手机中处理和保存好的图片和视频，操作步骤如图5-1-1所示。目前微信朋友圈限制一次发布的图片不得超过9张。

图 5-1-1　微信发布朋友圈操作步骤

拓展阅读　手机中的视频和图片不能同时在同一次发布的朋友圈里发送，如果需要在同一个朋友圈中同时呈现图片和视频，需要用到第三方软件来处理，如美图秀秀、剪映等视频和图片处理工具。

（2）选择好需要发送的图片后，在朋友圈编辑页面中编辑文字，如果还需要再添加其他图片，可以点击图片区域的"+"号添加图片。在图片和文字编辑完毕后，可以在"谁可以看"栏目中，选择"公开""私密""部分可见""不给谁看"选项中的一项。其中，"公开"是指开放给所有有权限查看朋友圈的用户看的，"私密"是只有用户自己可见，"部分可见"和"不给谁看"都是利用分组标签后给不同组别用户分配查看权限的设置。如图 5-1-2 所示展现了"部分可见"的标签选择功能。

2. 发布视频

（1）手机中的视频，可以像发布图片一样直接在朋友圈中发布。在朋友圈中发布视频的步骤和发布图片一样，选择"从手机相册选择"选项后，点选保存在手机中的视频就可以发送朋友圈了。如果想发布超过 15 s 的视频，可以在视频号里进行编辑和发送，如图 5-1-3 所示。

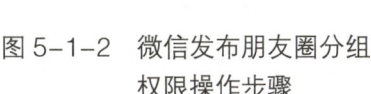

图 5-1-2　微信发布朋友圈分组　　图 5-1-3　微信发布朋友圈
　　　　　权限操作步骤　　　　　　　　　　　视频操作

（2）朋友圈中好友发布的小视频，在播放的状态下，可以长按视频播放页面，这时会弹出保存选项，选择"保存至手机相册"，这样就将好友朋友圈中的视频保存在自己的手机相册里了。

3. 留言管理和回复

（1）在朋友圈中，每一条朋友圈动态的右下角都有两个点 …，点击后会有两个选项，一个 ♡"赞"，另一个 ▢"评论"。可以用这两个选项在好友的朋友圈动态里点赞和评论，同时，能看到用户动态的好友也可以在用户的朋友圈动态中点赞和评论。点赞和评论功能位置如图 5-1-4 所示。

（2）用户可以对好友新发布的朋友圈动态进行点赞或评论，其他用户只能看到共同好友的评论或赞。如果不想让其他用户看到你的朋友圈动态，可以单独对用户进行"仅聊天"的设置，也可以在发送动态时针对特定用户设置"不可见"。

（3）回复评论时，可以点选一个评论单独回复，具体做法是：点击要回复的评论，在文本输入框中输入回复的内容，点击"发送"即可。除单独回复外，还可以对所有的评论统一回复，具体做法是：不点击任何评论，在动态右下角直接选择"评论"，在文本输入框中输入回复的内容，点击"发送"即可。图 5-1-5 所示是在朋友圈发表评论。

图 5-1-4　朋友圈点赞和评论

图 5-1-5　在朋友圈发表评论

二、公众平台互动及分享

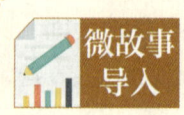

小林公司的微信公众号、企业微信账号、微博账号需要对公司进行的团建活动做一次推文，以宣传公司的文化和活动。

微信公众号是开发者或商家在微信公众平台上申请的应用账号，账号类型包含服务号、订阅号、小程序与企业微信。该账号与 QQ 账号互通，在平台上实现与特定群体的文字、图片、语音、视频的全方位沟通、互动，形成了一种主流的线上线下微信互动营销方式。2018 年 11 月 16 日，微信公众平台发布公告称，个人注册公众号数量上限调整为 1 个。

微博（Micro-blog）是指一种基于用户关系信息分享、传播以及获取的通过关注机制分享简短实时信息的广播式的社交媒体、网络平台。微博允许用户通过 Web、Wap、Mail、App、IM、SMS，利用计算机、手机等多种移动终端接入，以文字、图片、视频等多媒体形式，实现信息的即时分享、传播互动。

1. 公众号发布推文

（1）登录微信公众号（以个人微信公众号为例）。

（2）进入公众号页面后，选择"图文消息"或"视频消息"（见图 5-1-6），就可以编辑推文。

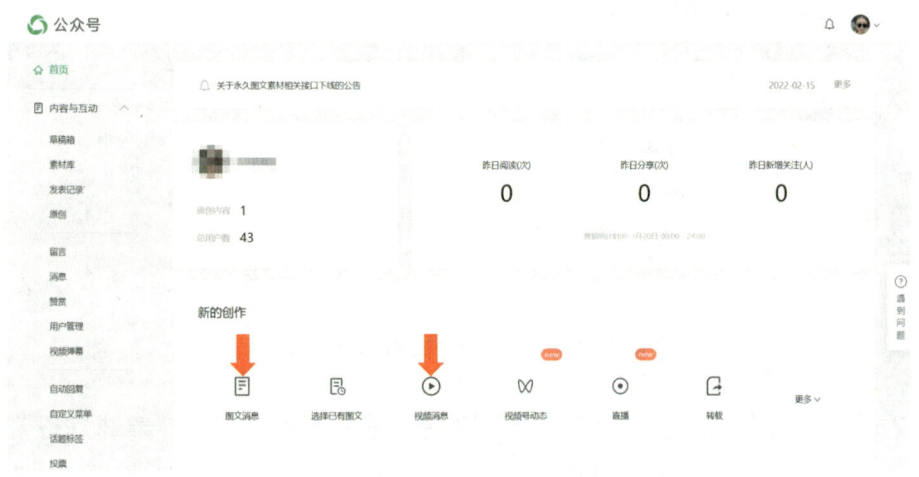

图 5-1-6　公众号推文页面

（3）点击"图文消息"进入编辑页面后，可以对要发送的内容进行编辑。如图 5-1-7 所示，在编辑框中编辑要发送的内容。同时，还可以在编辑时插入图片、视频、音频、超链接、小程序、模板、投票、搜索、地理位置、视频号、公众号等，以丰富推文内容。

（4）编辑完成后，可点击右下角的"预览"，预览完成后，回到主页面，选择"群发"或"发布"，就可以发布推文了。

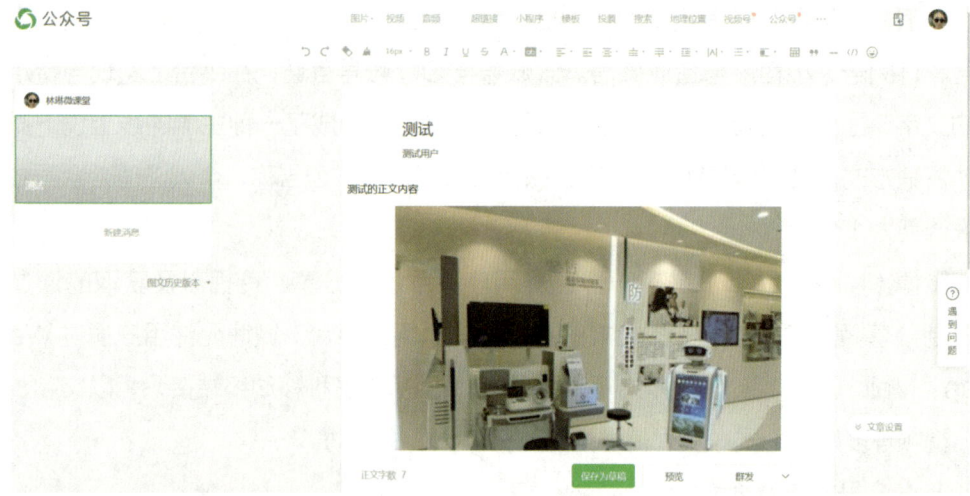

图 5-1-7 编辑公众号推文

2. 公众号文章留言管理和展示

（1）点击主页面左侧"留言"按钮（见图 5-1-8），即可进入留言页面，可以查看用户观看公众号推文后发表的留言。

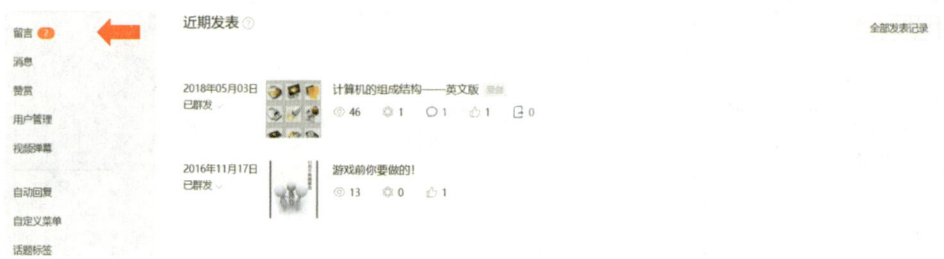

图 5-1-8 公众号文章留言查看

（2）在"留言"页面中，可以选择将积极正面的留言进行"精选"☆和"置顶"，精选后所有观看推文的用户都可以看到此留言。同时，可以对不当留言进行"删除留言"和"加入黑名单"操作。公众号推文留言管理如图 5-1-9 所示。

3. 微博发布文章

（1）登录微博。

（2）在主页面上部的编辑区编辑内容，在文本框里填入需要的文字，再使用编辑区下面的功能（包含"表情"☺、"图片"、"视频"、"提到某人"@、"话题分类"#、"地点"、"超话"、"头条文章"等）进行编辑，如图 5-1-10 所示。编辑完成以后点击右下角"发送"按钮。

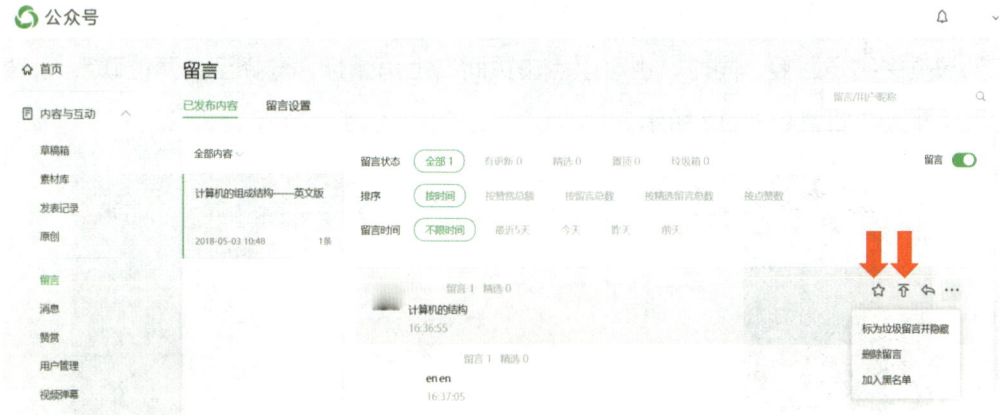

图 5-1-9　公众号推文留言管理

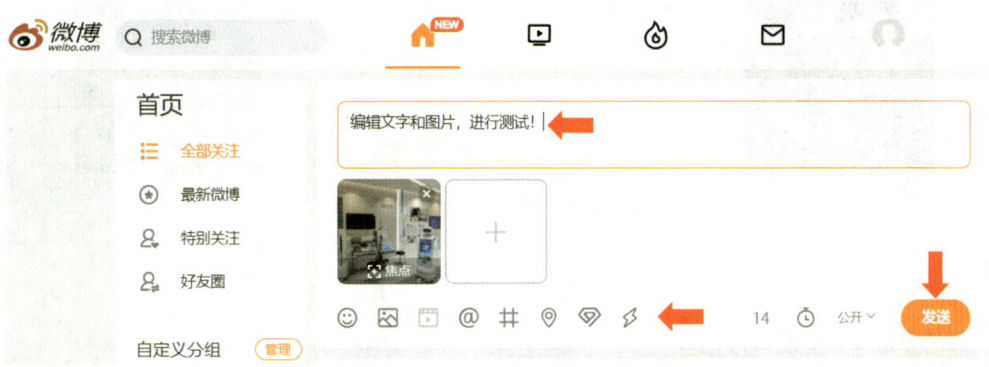

图 5-1-10　微博推文的编辑

4. 微博私信设置和处理

（1）在微博首页点击"消息"图标，打开"私信"面板，查看收到的私信。具体步骤如图 5-1-11 所示。

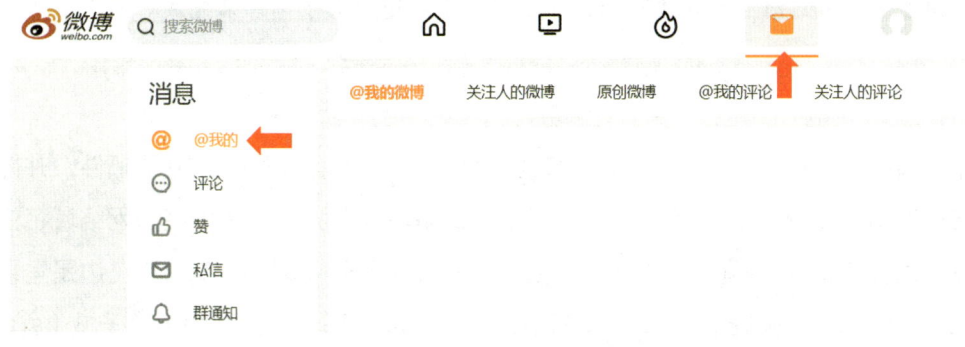

图 5-1-11　查看微博私信

（2）进入"私信"后，可以在左侧的消息列表中查看其他用户发来的消息，可以在消息框中给予回复。同时，也可以点击页面右上角图标，选择至少两位联系人，发起群体聊天，如图 5-1-12 所示。

图 5-1-12　创建微博私信群聊

三、电子邮件收发与处理

小林需要将此次团建活动的花絮编辑后发送给公司客户，并与客户预约下一次客户活动的具体事项，此项操作需要通过电子邮件来完成。

在网络中，电子邮箱可以自动接收网络任何电子邮箱所发送的电子邮件，并能存储规定大小的、多种格式的电子文件。电子邮箱具有单独的网络域名，网络域名由主机名与域名组成，中间用一个表示"在"（at）的符号"@"分开，@ 左边是登录名，右边是完整的主机名。其中，域名由几部分组成，每一部分称为一个子域（subdomain），各子域之间用圆点"."隔开，每个子域都显示出有关这台邮件服务器的信息。

电子邮件最大的特点是人们可以在任何地方、任何时间收发信件，突破了时空的限制，大大提高了工作效率，为办公自动化、商业活动提供了很大便利。

1. 电子邮箱的申请与使用

（1）选择需要注册邮箱的服务商。国内免费的电子邮箱服务商有以下几个（排名不分先后）。

个人免费类：163 邮箱、新浪邮箱、TOM 邮箱、21cn 邮箱、搜狐邮箱、QQ 邮箱、GMAI、139 邮箱、Hotmail 邮箱等。

企业类：三五互联、263 邮箱、中资源、万网、新网企业邮箱、网易企业邮箱、微软企业邮箱、谷歌企业邮箱、腾讯企业邮箱、新浪企业邮箱等。

（2）申请邮箱（以 163 邮箱为例）。登录 https://mail.163.com/，进入"163 网易免费邮箱"首页，点击"注册网易邮箱"，如图 5-1-13 所示。

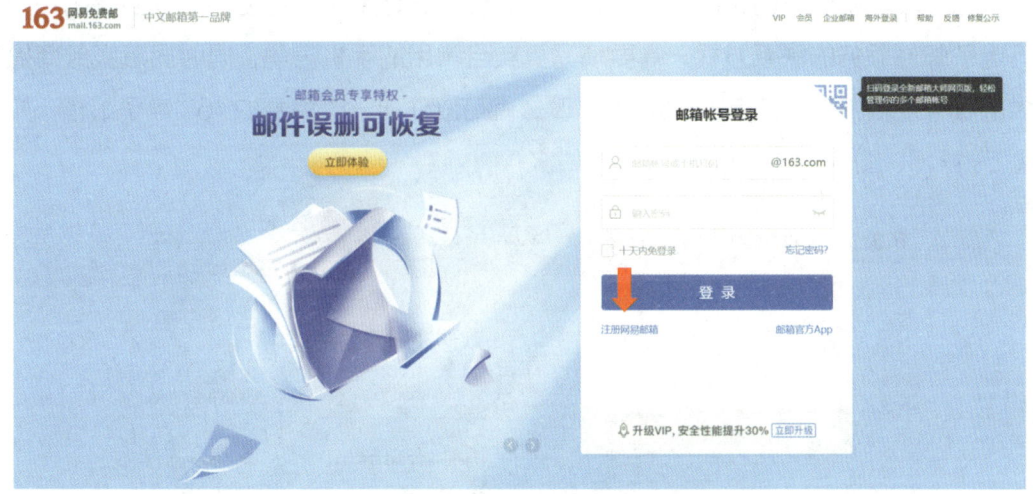

图 5-1-13　163 网易免费邮箱首页

（3）在弹出的页面中输入邮箱的用户名。注意，用户名应是由 6~18 个字符组成，可以使用字母、数字、下画线，但是必须以字母开头，并且区分大小写。用户名符合命名规则且系统中没有重复的用户名，系统就会提示"用户名可以使用"，如图 5-1-14 所示。

（4）设置邮箱密码。邮箱密码由 8~16 个字符组成，且必须至少包含大写字母、小写字母和数字这三种类型的字符，如密码可设置为"Test00001"。

图 5-1-14 设置用户名

（5）填写手机号码和同意服务条款。手机号码是用于忘记密码后找回密码和进行电子邮件服务的联系方式，需要填写真实且常用的手机号码，同时同意服务商提供的服务条款和政策。点击"立即注册"，就可以注册一个免费的 163 电子邮箱，如图 5-1-15、图 5-1-16 所示。

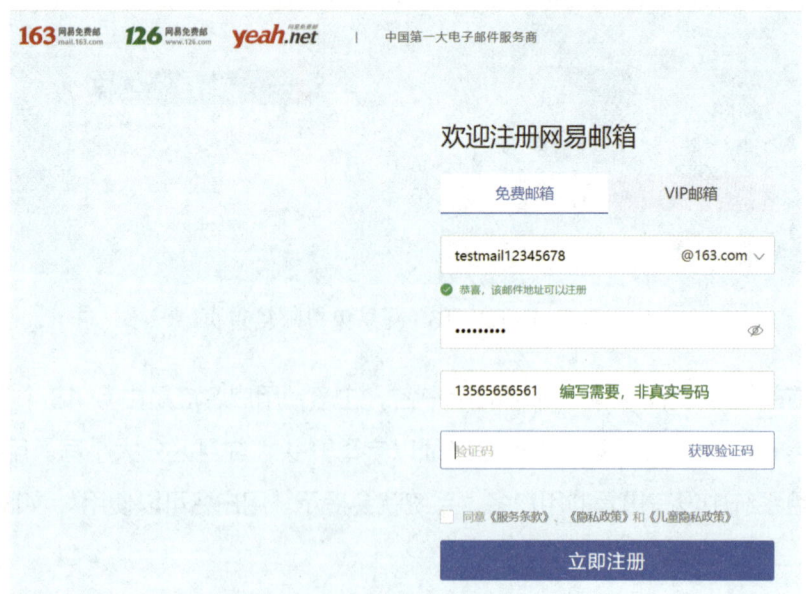

图 5-1-15 手机号获取验证码

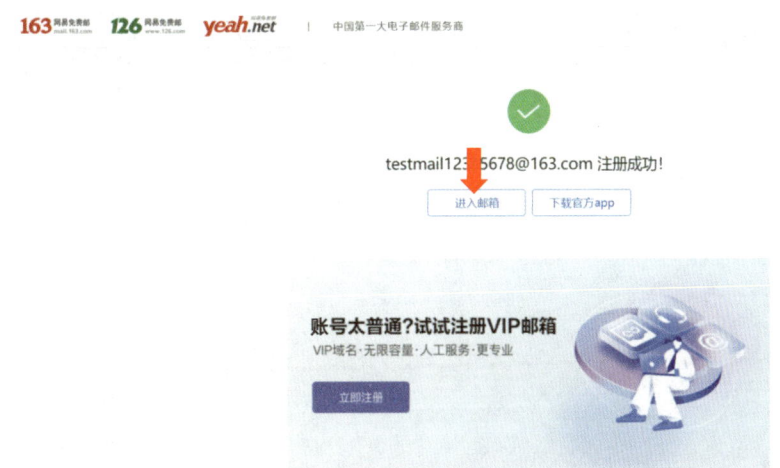

图 5-1-16 注册成功页面

（6）邮件的收发。进入邮箱后，点击"收信"和"写信"，可以进行邮件的收发，如图 5-1-17 所示。

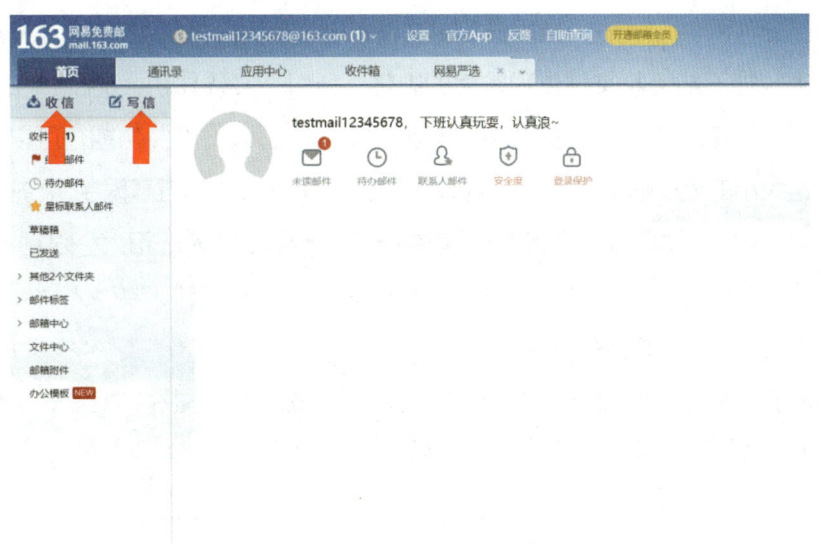

图 5-1-17 163 网易邮箱收发邮件页面

1）收邮件。点击"收信"后，可以看到所有未读邮件，且邮件都是粗体显示。点击邮件，就可以读取收到的邮件。

2）发邮件。点击"写信"后，在"收件人"处填写正确的邮箱地址，编辑发送邮件的主题，编写邮件的正文，完成后点击"发送"，即可将电子邮件发送出去，如图 5-1-18 所示。

数字技能

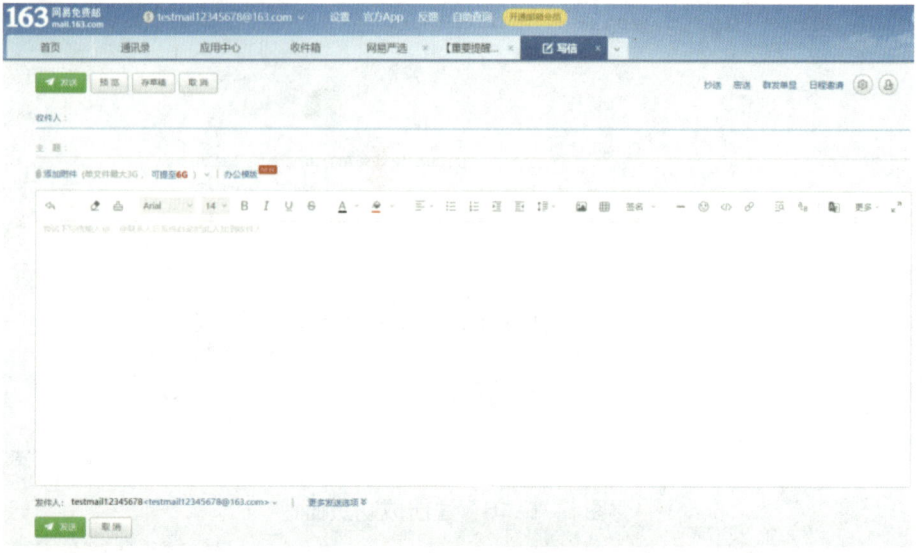

图 5-1-18　163 网易邮箱发件箱页面

2. 附件与超大附件的发送

普通"邮件附件"一般只能发送文件体积较小的附件，同时，发送过去后还要担心收件人邮箱能不能接收文件体积较大的附件。所以，文件体积大的视频和大量照片一般是无法通过电子邮件发送的。多数邮箱提供了"超大附件"功能，可以发送单个不超过一定大小的若干超大附件（文件体积总计不超过中转站容量限制），并且可以发往任何邮箱地址（因为随邮件发出的是文件链接，不受收件人邮箱大小限制）。但要注意的是，超大附件保存在文件中转站内，并且有保存时间限制，收件人需要在文件保存有效期内进行下载，否则链接会失效。

（1）发送附件。在编辑好邮件正文以后，需要发送少量图片、视频等文件，可以使用"添加附件"功能添加多个附件，如图 5-1-19 所示。

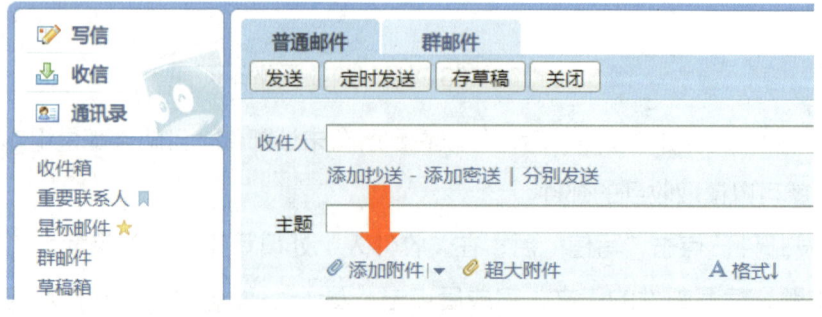

图 5-1-19　QQ 邮箱添加附件页面

（2）发送超大附件。在编辑好邮件正文以后，需要发送大量的图片、视频等文件或文件体积较大的附件，可以将要发送的文件打包压缩成一个压缩文件，使用"超大附件"功能发送，如图 5-1-20 所示。

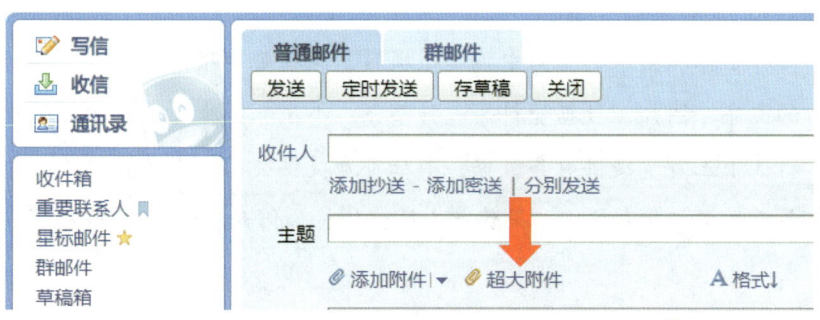

图 5-1-20　QQ 邮箱超大附件页面

总结与情景拓展

总结

通过以上学习，我们对如何进行数字技术互动及分享有了初步认识，不但可以实现在个人平台互动及分享，还可以在公众平台互动及分享，进行邮件收发与处理，这样有利于我们利用数字技术更好地完成网络交流与互动。

应用情景拓展

小林经常通过数字互动技术与自己的朋友在社交平台上互动，与客户和重要往来人员用电子邮件进行互动，大大提高了工作效率和可靠性。请你根据自己的工作实际情况，使用数字互动技术与你的同事和客户进行深度的互动交流吧。

数字技能

第2节 数字技术协同工作

学习情景

小林和同事们共同申报一个项目，在项目申报过程中，需要对项目相关的文字、图片、数据资料等进行整合。小张和小李负责提供公司组织管理资料，小王负责提供财务数据，小杜负责提供公司公众号资料，小林负责上报最后的文档和表格。如果你是小林，你将如何开展这项工作呢？

核心要素

协同办公，又称 OA（office automation）。随着企业对协同办公要求的提高，协同办公的定义随之扩展，将其提升到了智能化办公的范畴。大多企业不仅需要解决日常办公、资产管理、业务管理、信息交流等常规协同的问题，并且在即时沟通、数据共享、移动办公等方面提出了更进一步的需求。同时，很多企业也在寻求低成本、高性能、高整合、智能化管理企业的综合性管理应用平台，因此形成了一系列的协同办公系统。

通过完成本次任务，我们将具备以下能力。

1. 能正确使用 WPS Office 等常用协同办公软件，进行文档和表格协同工作。
2. 能在公共云盘上传、下载和分类整理资料。
3. 能正确使用网络会议屏幕进行资料的共享和互动，并保存网络会议资料。
4. 能使用手机与计算机互联并进行手机投屏。

一、文档协同

微故事导入

小林要提交的项目申报书支撑材料需要很多素材，特别需要小杜负责的公司公众号的图片资料和小王负责的财务数据资料。小林要和同事们协作完成支撑材料撰写工作。

文档协同是通过 WPS Office 等办公工具，使用"同步""协作""分享"等功能，共同编辑文档，达到资源共享共编的目的。本书以 WPS Office 软件为例进行介绍。

扫描封面二维码可观看操作视频

1. 文档"同步"

（1）打开 WPS Office 软件，选择菜单栏右侧云型按钮，如图 5-2-1 所示。

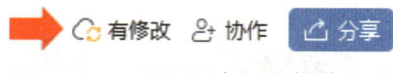

图 5-2-1 "云同步"功能的使用

（2）该"同步"按钮在开启同步状态时有三种状态，分别是"有修改" ，"更新中" 和"更新完成" （标注最后一次更新时间）。同步的版本信息可以点击"同步"按钮进行查看，如图 5-2-2 所示。

图 5-2-2 "同步"版本信息

（3）"同步"的功能可以做到在所有登录了同一个 WPS Office 账号的设备上查看和编辑文档、表格、流程图等。同时，可以对历史版本进行查询，点击"查看全部历史版本"，可以查看编辑文档的云同步状态，按需调取不同时期的版本，如图 5-2-3 所示。

图 5-2-3 "同步"历史版本查询

2. 文档"协作"

（1）打开 WPS Office 软件，选择菜单栏右侧"协作"按钮，如图 5-2-4 所示。

图 5-2-4 "协作"功能的使用

（2）点击"协作"按钮，选择"发送至共享文件夹"，会弹出对话框提示保存正在操作的文档，如图 5-2-5 所示。点击"保存更改"后，软件会跳转到协作模式。

图 5-2-5 进入"协作"模式

（3）在"协作"模式中，选择"使用金山文档在线编辑"，可以与协作者共同编辑需要协作的文档。协作的主要目的是搜集资料和文字，而不是多维度编辑文档，所以，协作时能够使用的功能仅为基本功能（包含五种功能），如图5-2-6所示。

图 5-2-6 "协作"模式中的菜单

（4）协作时能够使用的功能有三种，分别为："查看改动情况" ，可以在改动情况中查找历史版本和各位协作者的操作记录；用"WPS打开"编辑 WPS打开 ，如果不满足于协作时的操作功能，可以用此功能回到完整的WPS软件中进行编辑；"分享" 分享 ，可以使用链接分享、二维码分享、社交软件分享等方式邀请协作者，同时可以设置被邀请者对文档的编辑权限，如图5-2-7所示。

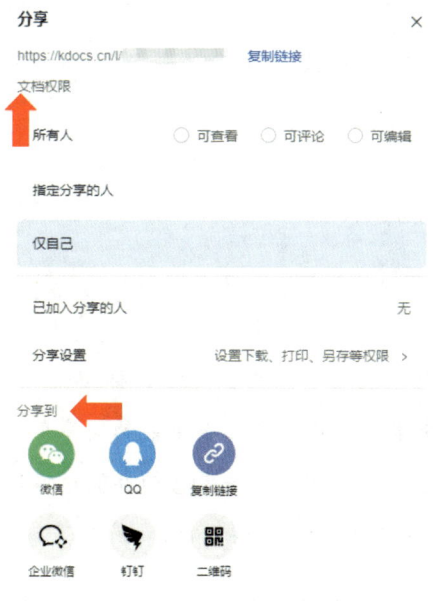

图 5-2-7 "分享"和权限设置

3. 文档"分享"

（1）打开 WPS Office 软件，选择菜单栏右侧"分享"按钮，如图5-2-8所示。

图 5-2-8 "分享"功能的使用

数字技能

（2）分享时，可以使用复制链接、发至社交软件、二维码、以文件发送等方式，可以选择文档的协作者，同时可以对文档的编辑权限进行设置，还可以通过视频教学详细了解文档分享功能。"分享"功能的页面如图5-2-9所示。

图 5-2-9 "分享"功能的使用

二、资料协同

小林把项目申报书做好了，所有的资料都搜集起来做成了支撑材料，他需要将这些资料分享给一起做项目申报书的同事们，由于资料过多，同时具有一定的保密要求，不方便直接用移动存储设备进行拷贝和传输，因此，小林决定使用云盘将资料分享给同事们。

云盘是一种专业的互联网存储工具，是互联网云技术的产物，它通过互联网为企业和个人提供信息的储存、读取、下载等服务，具有安全稳定、海量存储的特点。

1. 公共云盘上传和下载图片视频资料

（1）以百度网盘为例，可以使用手机端、网页端、客户端三种平台方式进行操作。在使用百度网盘之前，需要拥有一个百度网盘账号，以便于上传和下载内容的保存。

点击"百度网盘"App 中的"我的"就可以查看账户信息，如图 5-2-10 所示。

（2）上传资料时，将需要上传的资料拖动至要上传文件夹的空白处，或者点击"上传"按钮选择需要上传的资料，即可进行资料传输，如图 5-2-11 所示。

（3）下载资料时，选中需要下载的文件或文件夹，在文件夹页面上方就会出现"下载"按钮，或者在文件上单击右键，在弹出的对话框中选择"下载"，就可以将需要下载的文件保存至用户指定的路径中了。如果不指定路径，保存的文件默认下载至百度网盘安装路径中的"下载"或"Download"文件夹中。下载方法如图 5-2-12 所示。

图 5-2-10　手机端 App 账户信息页面

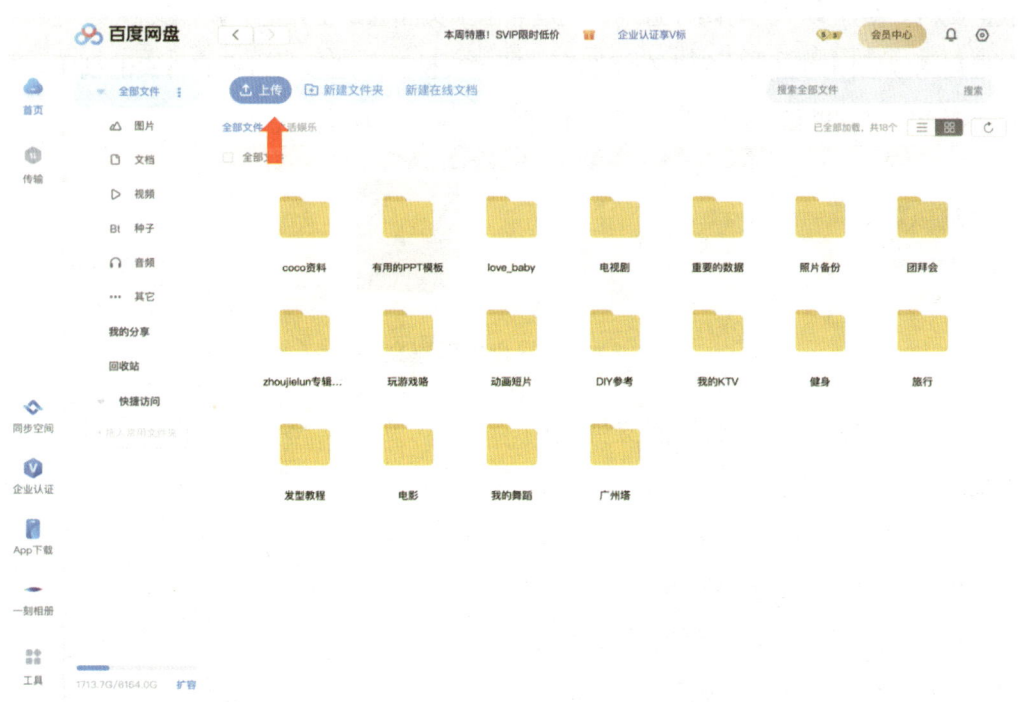

图 5-2-11　上传资料至百度网盘

数字技能

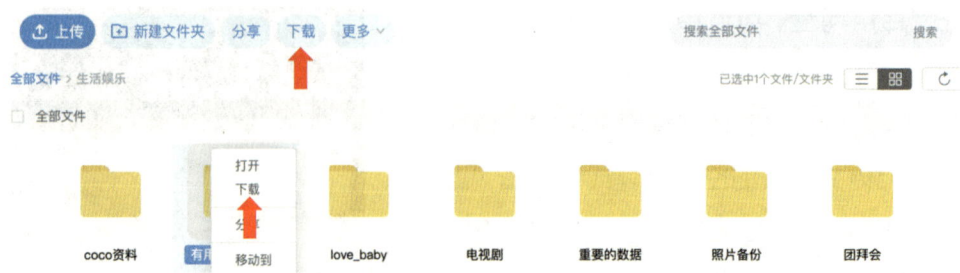

图 5-2-12　下载网盘资料到本地

拓展阅读　上传和下载文件时，多数公共云盘普通用户具有文件数量、单个文件大小、上传下载速度等限制，需要开通会员才能使用更全面的功能。

2. 整理资料

（1）需要整理资料时，将上传的文件按类别放置，可以新建不同的文件夹来分别放置资料。新建文件夹有两种方式，一是点击主页面窗口上方的"新建文件夹"按钮，二是在网盘窗口的空白处单击右键选择"新建文件夹"选项，进行文件夹的创建，并起好相应的文件夹名，如图 5-2-13 所示。

图 5-2-13　网盘中新建文件夹

（2）如果需要移动或复制文件夹中的资料，可在该文件或文件夹上单击右键，使用"移动到"或"复制到"功能，将文件或文件夹移动或复制到相应的位置。此外，还可以使用"重命名"功能实现文件和文件夹的更名，如图 5-2-14 所示。

图 5-2-14　更改文件或文件夹属性的操作

三、网络协同

小林需要将所做的资料汇报给部门领导，但是领导出差在外地，无法现场聆听汇报，小林需要采用网络会议的方式进行汇报。

网络会议系统是一个以网络为媒介的多媒体会议平台，用户可突破时间地域的限制通过互联网实现面对面交流的效果，强大的数据共享功能更为用户提供了电子白板、网页同步、程序共享、演讲稿同步、虚拟打印、文件传输等丰富的会议辅助功能，能够全面满足远程视频会议、资料共享、协同工作、异地商务、远程培训等各种需求，从而为用户提供高效快捷的沟通新途径，有效降低公司的运营成本，提高企业的运作效率。

1. 网络会议屏幕共享和互动

（1）以"腾讯会议"为例，可以在手机端、计算机客户端两种平台进行操作。共享屏幕和互动的前提是已经加入或者开始了一个会议。在加入会议的时候，需要输入会议号，对会议进行基本设置后方可进入，如图 5-2-15 所示。

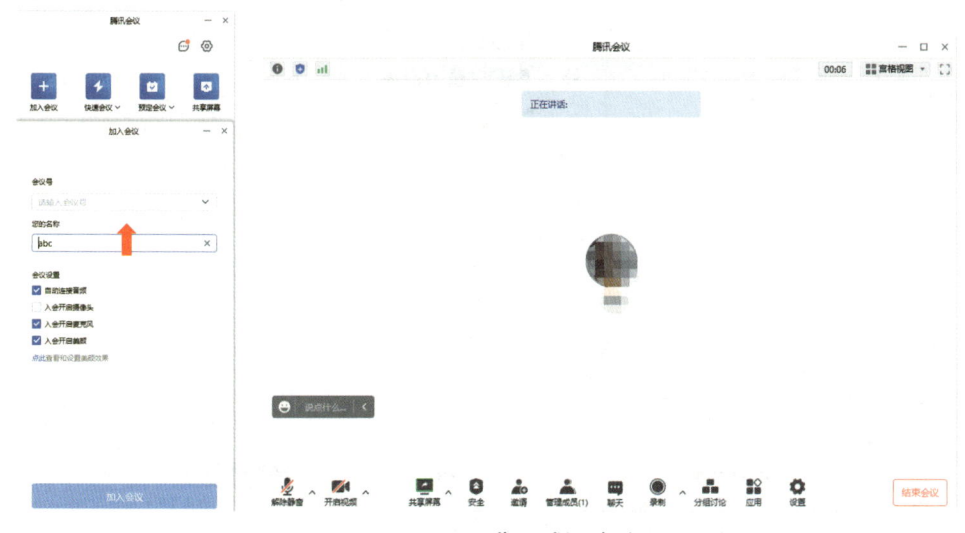

图 5-2-15　进入腾讯会议

（2）进入腾讯会议主页面后，可以根据需要选择开启或关闭音频和视频。同时，能够使用"共享屏幕"功能来完成和与会者的文档互动。其中，标准共享模式有桌面共享、办公软件（如 WPS）窗口的共享、白板交互式共享、仅计算机声音的共享，在共享时还能选择人像画中画功能，让演讲者和屏幕同时出现在一个画面内。标准屏幕共享功能如图 5-2-16 所示。

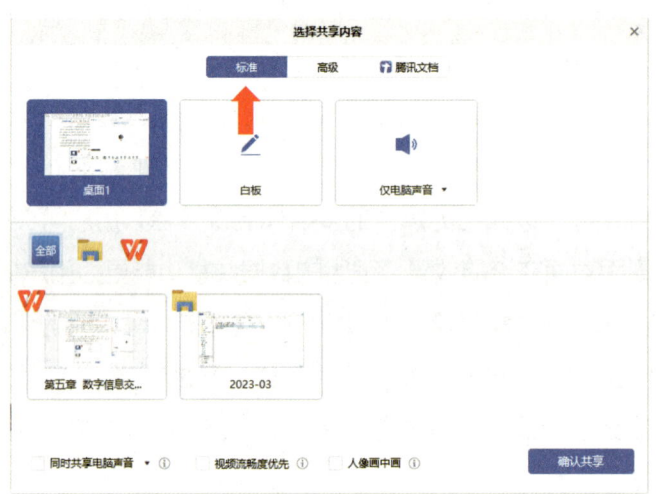

图 5-2-16　腾讯会议标准屏幕共享功能

除了标准屏幕共享功能外，腾讯会议还提供了高级屏幕共享功能。用户可以使用共享部分屏幕的功能和外接视频源功能仅共享需要的区域或外接视频，以充分保护演讲者的屏幕隐私。高级屏幕共享功能如图 5-2-17 所示。

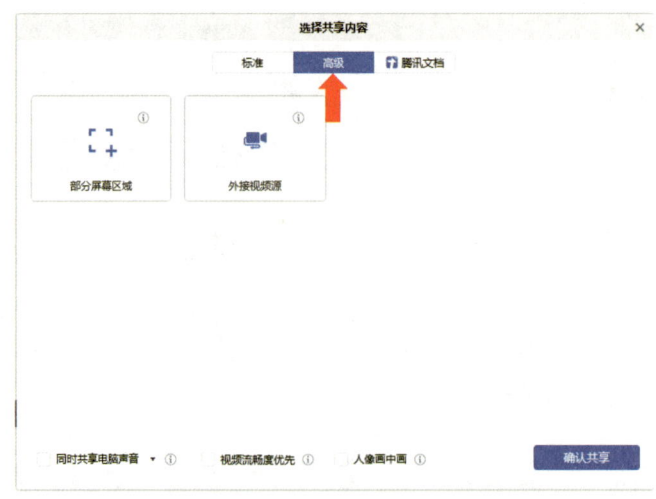

图 5-2-17　腾讯会议高级屏幕共享功能

2. 网络会议资料保存

以腾讯会议为例，若要保存会议全程视频资料，可以使用"录制"功能，将会议全程录像，形成视频。录制会议可以选择"云录制"和"本地录制"两种。在录制之前，可以通过"录制"按钮旁边的尖角设置录制权限，如图 5-2-18 所示。其中云录制的存储路径为会议的"个人中心"中"我的录制"文件夹，本地录制的存储路径为会议软件的安装目录的会议文件夹，找到相应会议时间和会议号，就可以查看录制的视频了。两种录制的存储路径如图 5-2-19 所示。

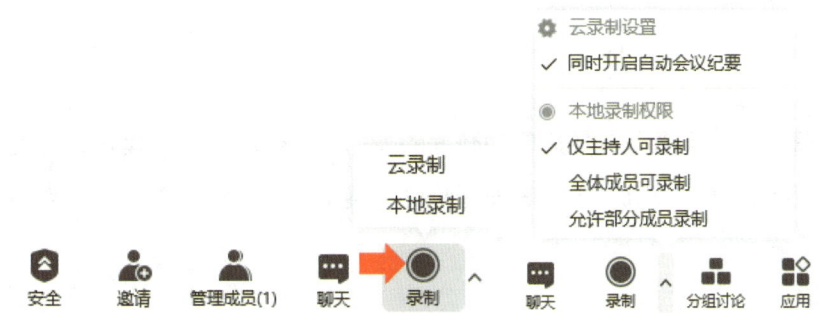

图 5-2-18　录制会议方式选择和权限设置

图 5-2-19　两种方式录制会议的存储路径

拓展阅读　使用腾讯会议进行网络会议时，还可以使用按照不同的权限和人员进行分组会议的功能，不同组别的会议可以在一个会议号中同时召开，只需要点击"分组讨论"按钮，即可将参会人员进行分组。

四、设备共享

小林完成项目活动申报书后,需要做项目活动申报的支撑材料,他的手机里有非常丰富的图片和视频素材,小林想通过手机投屏的方式,与同事们共同讨论,选取素材。

互联网时代,手机以其高速传输数据的能力在人们的办公、娱乐等方面发挥了重要作用,将手机与计算机、电视等设备互联,展示手机的实时数据,是当前比较流行的设备共享方式。

1. 手机与计算机互联

(1)手机与计算机的连接,可以分为数据线连接和无线连接两种方式。用数据线连接,就需要设置手机的权限,以用户的需求为原则,选择"数据传输"或"开发者调试"模式。数据传输模式仅可以用于照片、视频、文档的传输,开发者调试模式则能够进行手机 App 开发的调试和运行。

(2)手机和计算机无线连接时,需要手机和计算机共处在同一个无线局域网中。通过安装手机助手类的工具,可以实现手机和计算机的互联。

2. 手机智能投屏

(1)安卓系统手机、鸿蒙系统手机、iOS 系统手机都有各自的投屏接口,下面以鸿蒙系统手机为例进行讲解。在"设置"菜单页面中,点击"更多连接"选项,进入更多连接页面,点击选择"华为分享"选项,进入华为分享页面,开启"华为分享""允许获取华为账号权限""共享至电脑"开关,在弹出的"提示"对话框中点击"开启"按钮,就可以使用华为手机(鸿蒙系统)的投屏功能了。操作步骤如图 5-2-20 所示。

(2)还有一种投屏快捷方式,在鸿蒙系统手机主页,从顶部下滑快捷菜单,点击屏幕出现全部的快捷菜单后,找到"无线投屏"功能,点击后就可以开启寻找可以投屏的设备进行匹配。快捷方式投屏步骤如图 5-2-21 所示。

第 5 章·数字信息交流能力

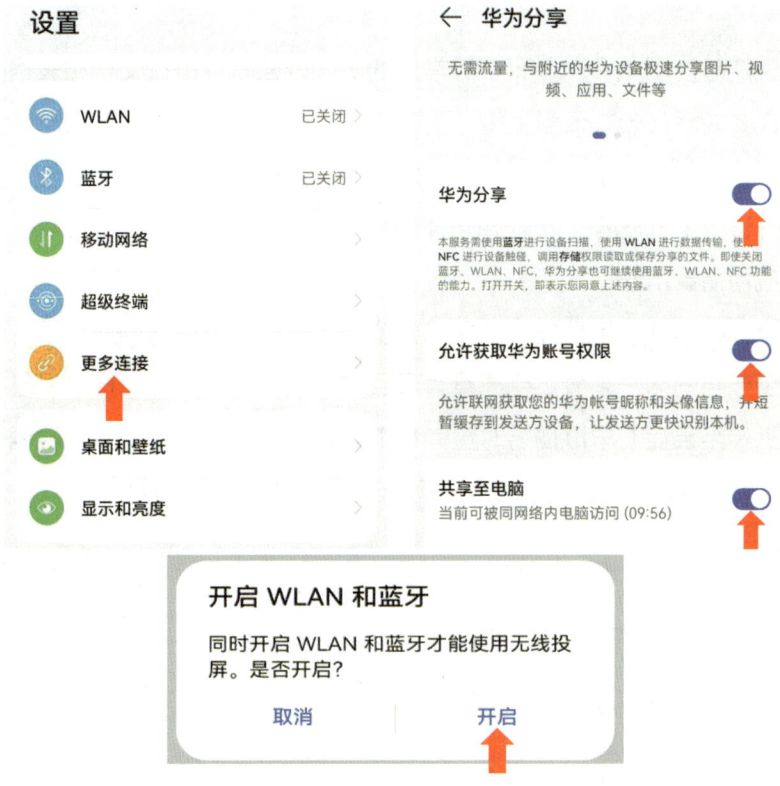

图 5-2-20　鸿蒙系统手机开启投屏功能步骤

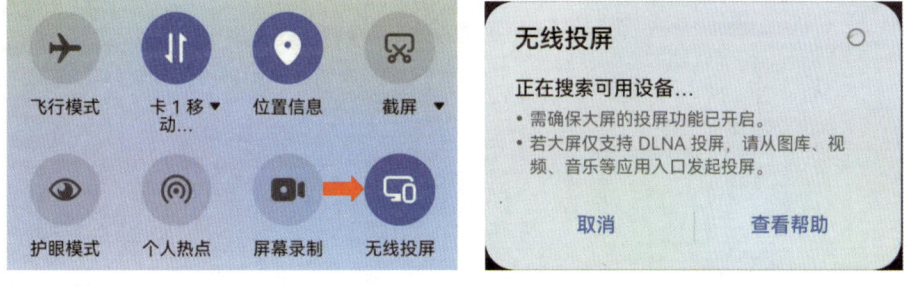

图 5-2-21　鸿蒙系统手机开启无线投屏快捷方式

总结与情景拓展

总结

通过以上学习，我们对如何利用数字技术进行共享协同工作有了初步

数字技能

认识，能够使用 WPS Office 等常用的协同办公软件进行文档和表格的协同工作，能够在公共云盘上传、下载和分类整理资料，能够使用网络会议屏幕进行资料的共享、互动和保存网络会议资料，能够使用手机与计算机互联并进行手机投屏，以利于协同工作，提高工作效率。

应用情景拓展

小林经常通过手机投屏、网络会议的方式与客户进行商业洽谈，通过协同工作与同事一起分工完成重大项目的申报，将各台信息技术设备上的资料上传至云盘汇总以便随时查询和下载，提高工作效率。请你根据自己的工作实际情况，使用数字协同共享技术提升工作品质和效率吧。

第 3 节　数字技术参与社会事务

小林所在部门举办员工团队建设拓展公益活动，活动内容是到指定地点开展寻宝类和撕名牌类游戏活动，将活动所产生的运动数据记录并捐赠给电商平台，兑换公益能量。活动前期，需要在公司进行活动流程的备案和申请；活动时，需要进行活动预算和物资采买；活动结束后，需将此次公益活动产生的运动数据和获取的公益能量加以记录，并做好活动的过程性记录。如果你是小林，你将如何开展这项工作呢？

社会活动的组织需要按照流程申报，获批后严格按照流程完成。通过完成本次任务，我们将具备以下能力。

1. 能正确使用相关工具制定和修改活动预算。
2. 能正确使用手机银行和手机支付等 App 进行物品采买支付。
3. 能通过政府公众号等网上政务系统办理事务。

一、数字消费

小林通过财务软件制定了部门团建活动的预算，按照预算进行物资的分类采买。一部分物资在实体店采买，采用手机支付的方式，并开具了电子发票；另一部分物资通过电商渠道进行采买，采用电商平台指定的支付方式或手机银行等方式支付。

数字技能

活动预算、个人记账等工作都可以通过一些免费的财务或者记账工具来制作，最简单的方法就是利用 Excel 表格进行分类汇总，统计各类收入、支出的情况。另外，也可以在计算机平台或手机平台的应用商店中搜索用户多和评分高的软件或 App，实现预算和收入、支出记录的目标。

1. 活动预算

（1）以"随手记"App 为例，打开"随手记"，点击注册或者登录，可以保存记账记录和导入本账号使用过的功能记录。操作页面如图 5-3-1 所示。

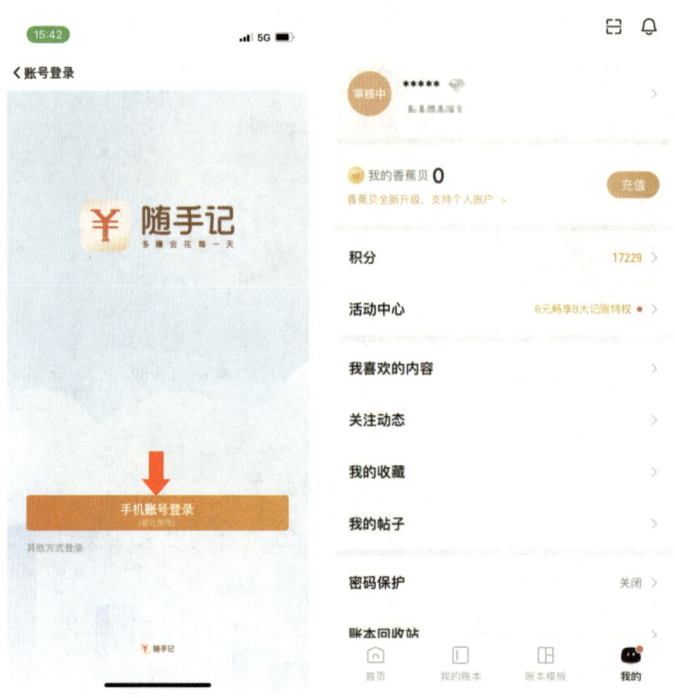

图 5-3-1 "随手记"登录页面

（2）登录成功后，选择一个账本模板，以"标准账本"模板为例。在 App 首页下方导航栏找到"账本模板"，选择"标准账本"后跳转到账本下载页面，点击"打开"按钮，就可以进行账本模板的下载了。账本模板下载完成后，即可在"我的账本"菜单中查看。操作页面如图 5-3-2 所示。

（3）打开"标准账本"，选择"预算"功能，在预算页面中，可以分类设置预算，按照需要增加或删除预算项目。在一个大类的预算中，也可以使用多个二级类别来细分预算。预算项目设置结束后，可以在预算页面中查看各预算的明细和合计。操作页面如图 5-3-3 所示。

第 5 章 · 数字信息交流能力

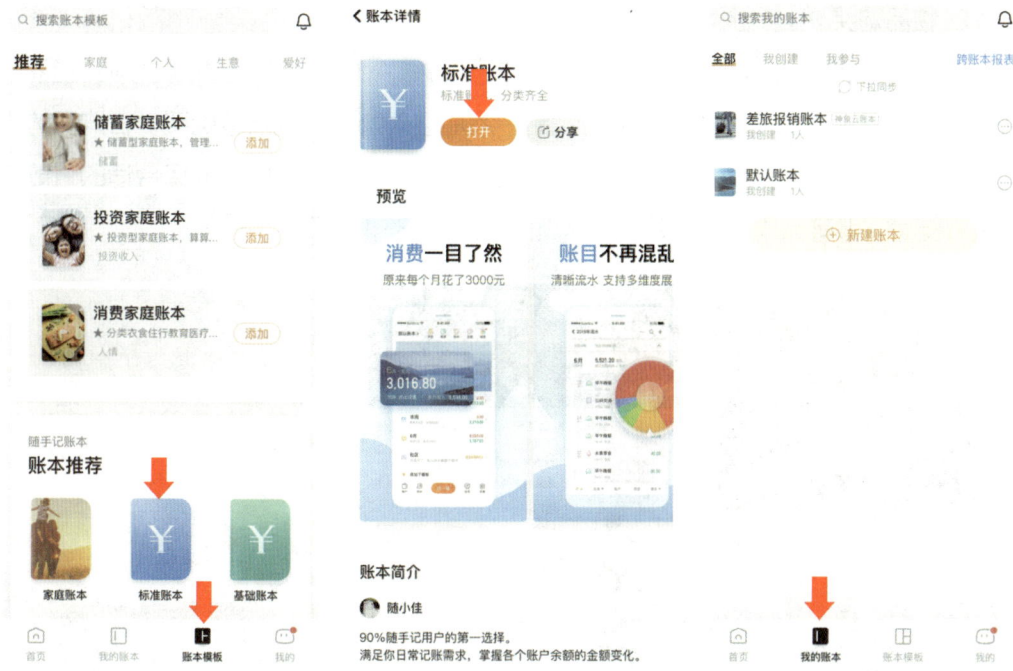

图 5-3-2 "随手记"账本模板选择页面

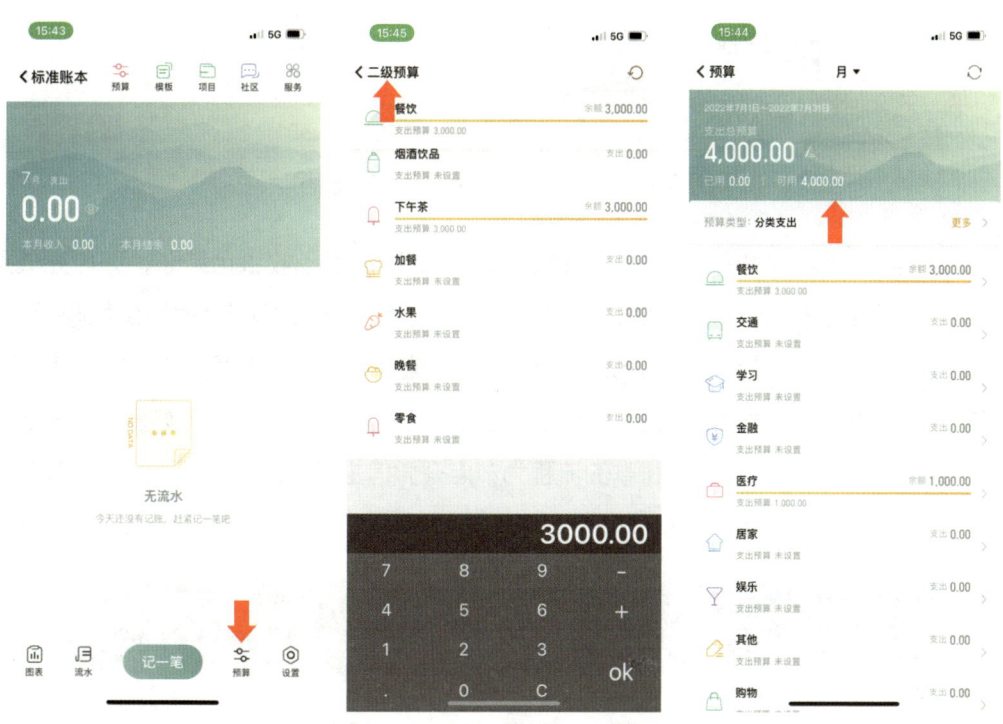

图 5-3-3 预算设置和查看页面

数字技能

2. 物品购买

（1）电商购物 App 有很多，现以"京东"购物 App 为例进行讲解。购买物品的时候可以在搜索栏中搜索需要购买的物品，添加进入购物车或直接购买。在购买的页面中，选择相应的收货地址，选用可用的优惠券和优惠方式，同时选择合适的付款方式进行支付，即可完成物品采购。操作页面如图 5-3-4 所示。

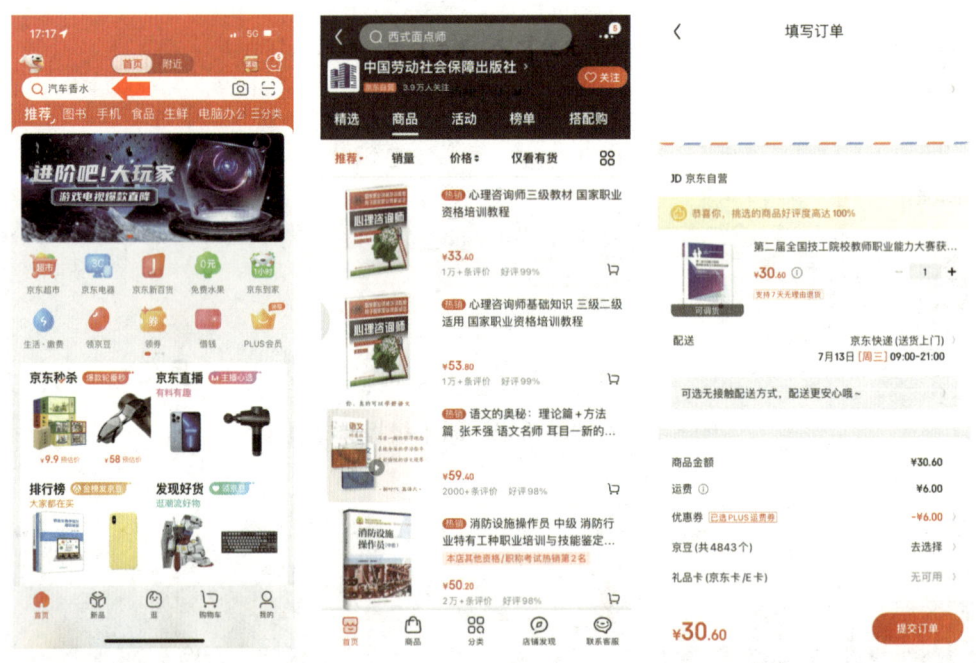

图 5-3-4　电商软件中购买商品流程

（2）实体店采购物品时，只需要挑选到需要的物品后到收银台结账，即可完成购买。购买时可以使用手机支付的方式，打开付款码让商家扫描或扫描商家的收款码就可以支付商品款项了。以"支付宝" App 为例，其操作流程是，进入首页后，点击"扫一扫"扫描商家提供的收款码，或点击"收付款"让商家扫描自己的付款码，如图 5-3-5a 所示。以"微信" App 为例，其付款的流程为，点开微信主页，点击下部导航栏"我"按钮，进入页面后找到"支付"操作页面，点击"收付款"进行交易，如图 5-3-5b 所示。

a）　　　　　　　　　　b）

图 5-3-5　扫码支付收付款页面
a）支付宝支付　b）微信支付

184

3. 手机银行

手机银行是指银行以智能手机为载体，使用户能够在此终端上使用银行服务的产品或渠道模式。随着通信与互联网技术的进步，手机银行的业务功能不断更新与完善，可实现利用手机和其他移动设备等实现用户与银行的对接，为用户办理相关银行业务或提供金融服务。手机银行既是产品，又是渠道，属于电子银行的范畴。各大银行都有属于自己的手机银行 App，能够提供收付款、转账、理财、资产查询、账户查询、商品购买等功能。每家银行的手机银行 App 的功能不完全一致，这里不再一一介绍。

二、社会服务

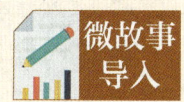

小林部门同事在团队建设活动中每个人都累积了上万步的步数和 1 h 以上的运动数据。小林和部门同事一起，将所产生的步数通过公益活动平台进行捐赠，获得了种下真实树苗的资格，为公益事业做出了贡献。

随着数字化技术的全面发展，科技在推动社会进步中释放出了前所未有的能量和效率，使公益事业向着多个维度迅速发展。区别于传统公益模式，互联网公益表现出了生活化、娱乐化、社交化的一面，甚至将公益与生活、娱乐、社交融为一体，从而吸引着网民将公益推向社会化。

1. 电商平台捐步数兑换绿色能量

（1）以"支付宝" App 为例。进入"支付宝" App 首页后，可以找到"蚂蚁森林"和"运动"，如图 5-3-6 所示。也可以在 App 主页的右下角"更多"处展开所有应用中查找。

（2）在"蚂蚁森林"中，可通过行走的步数，在产生步数的第二天获得绿色能量，绿色能量可以用于"公益林"浇水或在"种树"中选择防风固沙、固碳产氧、水土保持、保护动物等不同的方式，达到参与环保公益活动的目的，如图 5-3-7 所示。

图 5-3-6 支付宝应用程序页面

图 5-3-7 步数获得绿色能量和使用能量的操作页面

（3）在"运动"中，有两种方式捐赠步数，参与公益活动。一是用"走路线"的方式，将累积的步数消费在虚拟路线的行走中，获得运动币；点击"去捐助"即可选择要捐助的项目进行捐助，如图 5-3-8 所示。二是用"行走捐"的方式，选择"去捐步"，选择需要捐助的项目进行捐助，捐助完毕后，还可以通过"我的捐助"来查看捐助情况，如图 5-3-9 所示。

图 5-3-8 "走路线"的捐助流程

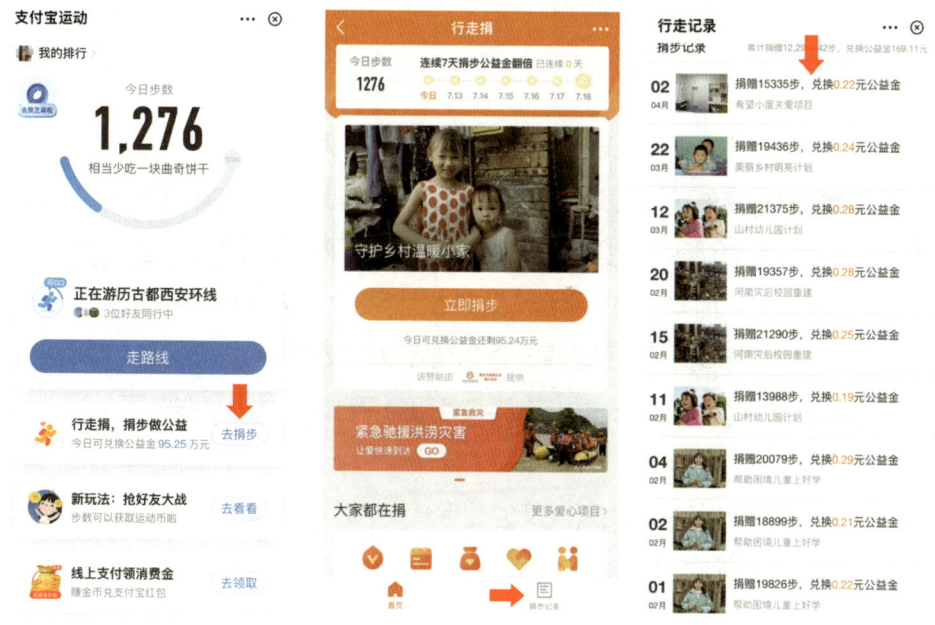

图 5-3-9 "行走捐"的捐助流程

2. 网络公益事业

近年来,互联网作为普惠性的信息基础设施,已经渗透到人民群众社会生活的方方面面,不仅成为经济社会发展的重要引擎,也成为推动我国公益慈善事业发展的重

要力量。随着新技术、新模式等不断发展,主管部门、公益慈善组织、互联网募捐平台等在互联网公益中进行着密切互动,共同促进公益事业健康持续发展,我国公益事业发展大格局已初步显现。2021年11月15日,民政部发布《关于指定第三批慈善组织互联网募捐信息平台》的公告,至此,具有互联网募捐平台资质的机构总数经三批公示已达到32家。

三、政府服务

小林所在部门新入职员工需要办理绑定医疗保险、进行身份认证、购买住房公积金等业务,由公司财务部门进行统一办理。新员工可以在国家政务服务平台上进行进度查询和业务咨询,将烦琐的程序简单化。

政务服务改进一小步,便民惠民迈出一大步,大数据从技术角度为政务服务便民惠民创造条件。"让信息多跑路,让群众少跑腿",已在越来越多的政务服务领域变为现实。全国一体化在线政务服务平台由国家政务服务平台、国务院有关部门政务服务平台(业务办理系统)和各地区政务服务平台组成。国家政务服务平台是全国一体化在线政务服务平台的总枢纽,各地区和国务院有关部门政务服务平台是全国一体化在线政务服务平台的具体办事服务平台。

> 扫描封面二维码可观看操作视频

1. 常见业务办理

国家政务服务平台包含民生所涉及的社保查询、医保查询、档案查询、证书查询,打开平台网址 https://gjzwfw.www.gov.cn/index.html,就可以选择需要的业务进行办理或查询,如图5-3-10所示。

2. 专题服务办理

衣食住行、老有所养、幼有所托等诸如此类民生问题,都可以通过国家政务服务平台一站式办理,如"老年人办事服务专区"可以办理老年人相关业务,并且提供了字体放大、读屏幕等适老化功能,如图5-3-11所示。

图 5-3-10　国家政务服务平台首页

除此之外，政务服务的地方专属服务平台也是生活与工作中的常用平台，根据归属地选择办理当地的业务。

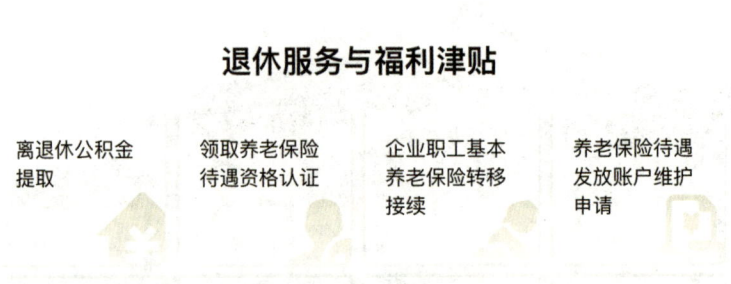

图 5-3-11 专题服务办理页面

3. 具体事务办理

以药品分类与代码查询为例,随着网络技术的发展,人们也习惯于在网络上查询自己身体状况的对应症状,根据症状自行购买药品。现市面上药品种类繁多、功能也不尽相同,需要查询药品的详细情况,就可以用到国家政务服务平台中的"热门服务"中"药品分类与代码查询"栏目进行查询,在平台上找到此项热门服务,点击后即可进入"国家医保服务平台"的药品信息查询页面,如图 5-3-12 所示。

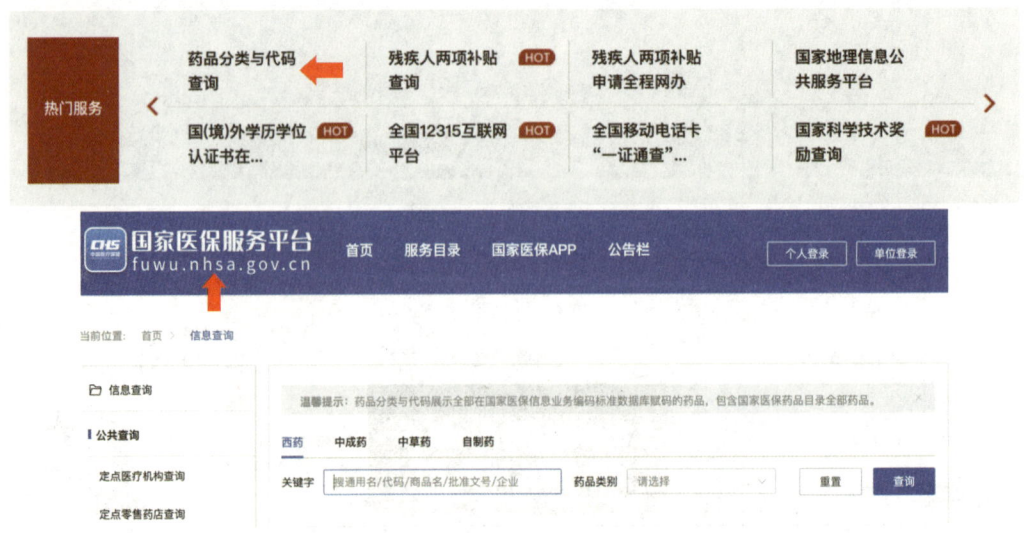

图 5-3-12 通过首页进入国家医保服务平台页面

第 5 章 · 数字信息交流能力

以布洛芬药品为例,在关键字中输入"布洛芬",点击"查询"后,可以看到布洛芬相关药品的信息,包含注册名称、注册剂型、包装形式、药品企业、批准文号等,如图 5-3-13 所示。如果需要购买,则需要咨询医生,并详细阅读药品说明书,切忌随心所欲购买药品。

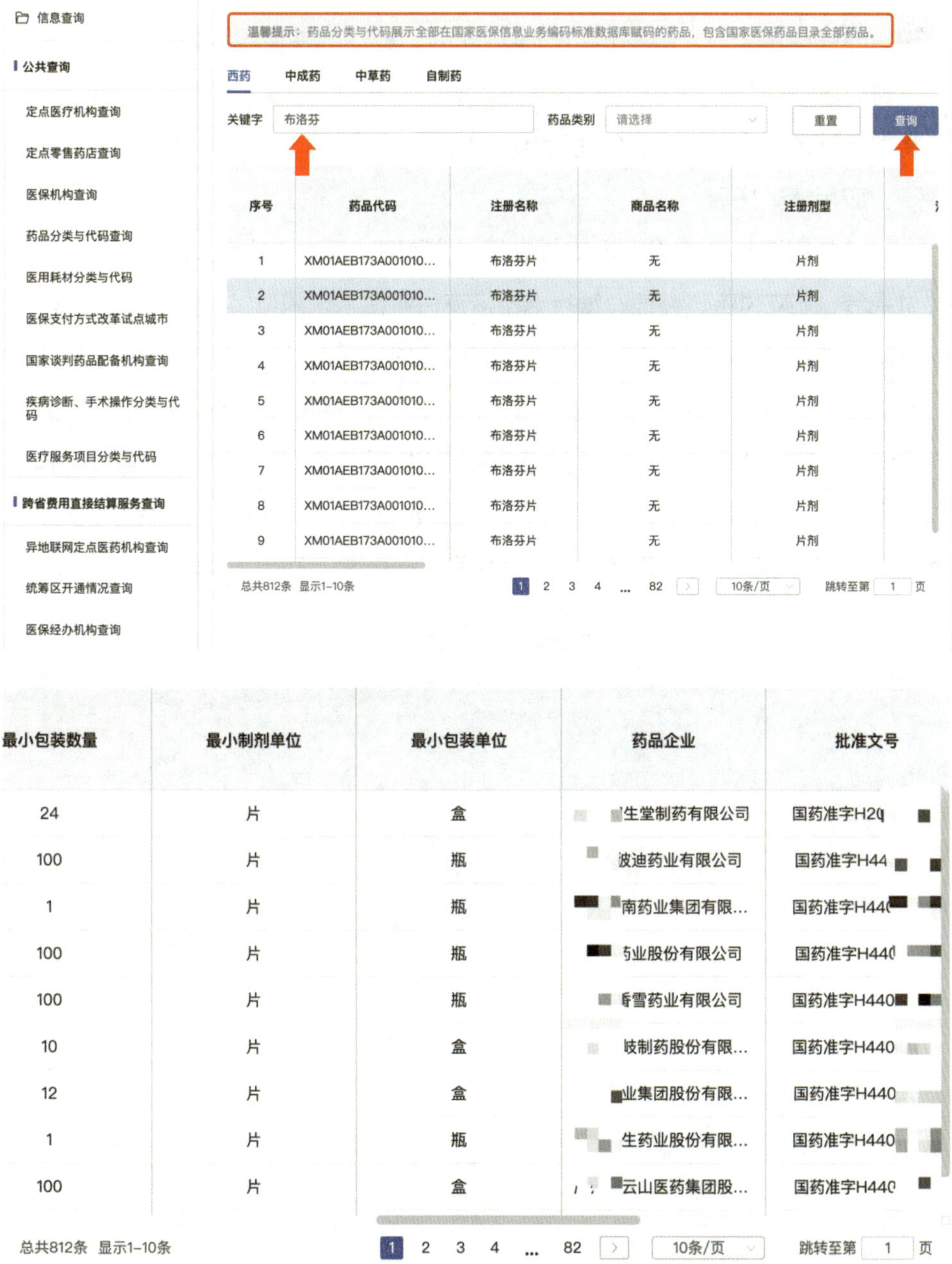

图 5-3-13 药品分类与代码查询页面

数字技能

总结与情景拓展

总结

通过以上学习，我们对如何利用数字技术参与社会事务有了初步认识，能够使用相应工具制定和修改活动的预算，能够使用手机银行和手机支付 App 进行物品采买，能够通过政府公众号等网上政务系统办理事务，将数字技术深度融合进日常生活和工作。

应用情景拓展

小林每天都会使用手机支付进行日常消费，手机支付可以选择多个支付平台，如支付宝、微信、银行卡自带支付平台、云闪付、翼支付等，在进行网络购物时，也会在支付页面选择支付方式。同时，每一笔支付也可以绑定记账 App 进行记录，不需要再手动添加。除了手机支付外，小林也关注网络平台的公益活动，如支付宝的关爱贫困山区儿童用餐问题、中国慈善基金会平台上捐赠项目等。她也在提供网络服务的政务平台或公众平台上办理业务。请你根据自己的工作实际，使用数字技能参与社会事务吧。

第4节 网络信息交流行为规范

学习情景

小林和同事们近期总是收到原同事发来的业务广告邮件和多条长达 1 min 的语音消息，小林和同事们十分烦恼。在同事间的交流中，大家还提到多次收到非法邮件和不良消息的事情，希望屏蔽和举报此类消息和邮件。如果你是小林，你将如何开展这项工作呢？

核心要素

网络交流平台日益多样化，社交软件已成为人们日常交流的重要工具，群内交流言论具备公开性、传播性的社会化特点，不当言论对他人造成的侵害后果也会被放大，足以构成侵权。

通过完成本次任务，我们将具备以下能力。

1. 能正确、文明地进行群内聊天、讨论。
2. 能在聊天等互联网讨论活动中做到尊重个人隐私和遵守公约，文明上网。

一、信息交流法律法规

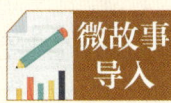

微故事导入

小林在与客户进行项目需求的讨论，讨论的方式主要是通过社交软件和电话进行沟通，交流中形成的重要决定通过电子邮件的方式进行发送，并经过双方确认，留下过程性记录。

随着网络的发展，信息交流在人们日常的交流中占据重要的地位，在交流过程中，

数字技能

需要遵循相应的法律法规。关于信息交流的法律法规主要有《中华人民共和国保守国家秘密法》《中华人民共和国国家安全法》《中华人民共和国电子签名法》《中华人民共和国计算机信息系统安全保护条例》《计算机信息系统国际联网保密管理规定》《涉及国家秘密的计算机信息系统分级保护管理办法》《互联网信息服务管理办法》《非经营性互联网信息服务备案管理办法》《计算机信息网络国际联网安全保护管理办法》《信息安全等级保护管理办法》《公安机关信息安全等级保护检查工作规范》《电信和互联网用户个人信息保护规定》等。

1. 群聊和讨论

国家网信办印发的《互联网群组信息服务管理规定》指出，互联网群组是指互联网用户通过互联网站、移动互联网应用程序等建立的，用于群体在线交流信息的网络空间，如微信群、QQ群、微博群、贴吧群、陌陌群、支付宝群聊等各类互联网群组。互联网群组建立者、管理者应当履行群组管理责任，即"谁建群谁负责""谁管理谁负责"，规范群组网络行为和信息发布，群组成员在参与群组信息交流时，应当遵守相关法律法规，文明互动、理性表达。群管理已经开始立法，要求要规范管理，群中任何发言都要承担法律责任。

在进行工作群聊和工作讨论时，应做到以下几点。

（1）不要谈论私事，不要涉及商业秘密。工作群的建立是为了谈论工作、交流信息，而不是为了私人之间进行感情交流。工作群中不谈论私事，不触及公司商业秘密。

（2）不随便拉人入群，以免工作内容外泄，或者公司秘密泄露。

（3）尽量多用简短和精练的文字进行交流，少用语音交流，必须用到语音交流的场合可以使用网络会议的方式进行交流。

（4）尽量少用表情符号。表情包、漫画、图片等主要反映个人的情绪及心理感受，比较带有个人色彩，通常仅限于私人交流，不宜在工作群里使用。

2. 正式邮件的交互

正式的电子邮件通常用于发送给同事或领导，可以作为工作过程性记录的支撑材料和依据，且保存时间长，保存方式可靠。

发送正式的电子邮件，需要包含主题、称谓、署名等基本要素，如图5-4-1所示。

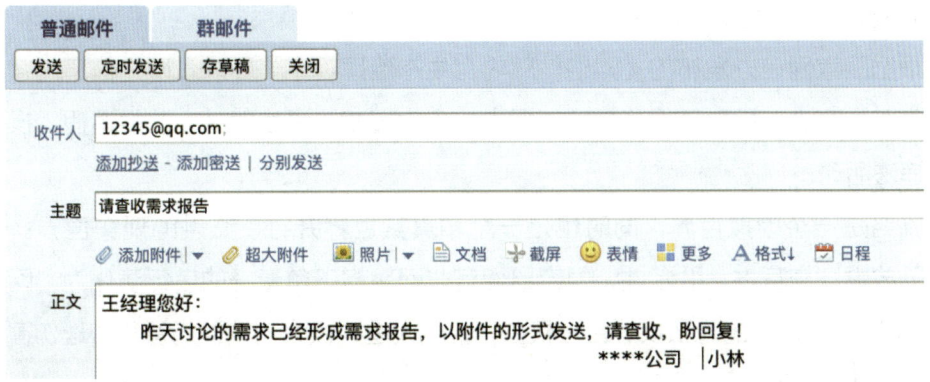

图 5-4-1　发送邮件示例

二、信息交流道德品质

小林的朋友在和她聊天的过程中，总是喜欢谈论其他人的私事，还将和别人的聊天记录截图给小林看，为此，小林也感到非常苦恼。

网络暴力是一种危害严重、影响恶劣的暴力形式，指一类由网民发表在网络上的并具有"诽谤性、诬蔑性、侵犯名誉、损害权益和煽动性"这五个特点的言论、文字、图片、视频，这一类言论、文字、图片、视频会对他人的名誉、权益与精神造成损害。网络暴力已经打破了道德底线，往往也伴随着侵权行为和违法犯罪行为，亟待运用教育、道德约束、法律等手段进行规范。网络时代，信息的传播速度非常迅速，每一个网络信息的传播者都应该本着实事求是和尊重他人隐私的原则，理性、客观地表达观点，禁止网络暴力。

1. 个人隐私保护和尊重

《电信和互联网用户个人信息保护规定》中明确要求电信业务经营者和互联网信息服务提供者保护在提供服务的过程中收集的用户姓名、出生日期、身份证件号码、住址、电话号码、账号和密码等能够单独或者与其他信息结合识别用户的信息以及用户

使用服务的时间、地点等信息。

根据国家网信办发布的《网络信息内容生态治理规定》要求，网络信息内容服务使用者和生产者、平台不得开展网络暴力、人肉搜索、深度伪造、流量造假、操纵账号等违法活动。

网络是一个虚拟世界，同时也是一个和真实世界并行、交融的现实世界。互联网的开放性、交互性、匿名性，很容易使有些网民将不负责任的言行演化为"网络暴力"，侵犯了当事人的隐私权等合法权益，给他人造成极大的精神伤害和心理伤害，必须引起全社会的高度重视。

尊重和保护个人和他人隐私，是每个互联网用户都应该遵守的原则。

2. 文明上网自律公约

中国互联网协会发布《文明上网自律公约》，号召互联网从业者和广大网民从自身做起，在以积极态度促进互联网健康发展的同时，承担起应负的社会责任，始终把国家和公众利益放在首位，坚持文明办网，文明上网。公约的全文如下。

自觉遵纪守法，倡导社会公德，促进绿色网络建设；

提倡先进文化，摒弃消极颓废，促进网络文明健康；

提倡自主创新，摒弃盗版剽窃，促进网络应用繁荣；

提倡互相尊重，摒弃造谣诽谤，促进网络和谐共处；

提倡诚实守信，摒弃弄虚作假，促进网络安全可信；

提倡社会关爱，摒弃低俗沉迷，促进少年健康成长；

提倡公平竞争，摒弃尔虞我诈，促进网络百花齐放；

提倡人人受益，消除数字鸿沟，促进信息资源共享。

互联网的投资主体、隶属关系和性质各不相同，只用行政办法管理互联网是不够的，更多地应该通过自律的形式倡导互联网道德。希望每一位互联网用户都能够自觉遵守以上文明上网自律公约，创造一片纯净的互联网天空。

总结与情景拓展

总结

通过以上学习,我们对网络信息交流行为规范有了初步认识,能够正确、文明地进行群体聊天、讨论,能够在聊天等互联网讨论活动中做到尊重个人隐私和遵守文明上网公约,做到文明上网。

应用情景拓展

小林在社交软件、购物软件、聊天平台、论坛、微博等互联网发言或讨论活动时,都遵守文明上网公约。请你根据自己的工作实际情况,严格遵守公约,做到文明上网。

第 6 章

数字安全能力

数字技能

小浩是公司新入职的企划团队中的一员,团队负责人根据公司推行数字化办公的需要以及小浩年轻好学的个性,特意安排小浩作为团队中的IT模块管理人员,负责对团队业务工作实施过程中涉及的各类数字设备进行统筹管理,包括数字设备系统的日常操作指导、优化、维护、数据管理、数据安全意识普及等工作内容。

小浩接到工作安排后,针对团队中不少同事对数字设备应用仍显生疏且网络安全意识淡薄的问题,计划从数字设备及内容保护、个人数据与隐私保护、健康数字环境保护三个大的方面着手进行培训。

随着互联网及电子设备的不断发展,人们在日常生活中对数字设备的使用愈发频繁,企业在智能化办公方向的推广也愈发深入,这些都体现在小浩的日常工作任务清单中。在这份清单中,小浩需要指导同事掌握计算机、手机、平板电脑等常见数字设备的基础操作,需要提升运用系统工具软件的熟练度以及对数字设备软硬件优化和维护的能力,需要在日常团队协作中提升团队成员对个人隐私数据信息的保护意识、普及数据信息相关的法律法规、宣传网络诈骗的常见手段和危害。

通过完成本次任务,我们将具备以下能力。

1. 能够根据个人需求对数字设备的数据文件进行管理。
2. 能够使用工具软件对数字设备操作系统进行优化和维护。
3. 具备个人数据与隐私保护能力。
4. 增长对网络诈骗危害的认知。
5. 提升对信息安全法规的了解。

第1节 数字设备及内容保护

在岗位上经过一段时间的历练后,小浩负责的团队IT模块管理业务工作的开展日趋熟练。通过小浩的分析,日常业务职责中出现频率较高的3种情况分别是针对员工的数字设备系统日常操作指导、数字设备系统的日常优化维护、数字设备的数据管理。

随着信息技术的普及,计算机、手机、平板电脑等数字设备的操作成为日常工作生活中的必备技能。数字设备的流畅使用离不开对设备系统的日常优化和维护。掌握系统工具使用技能,优化操作系统,能有效提升数字设备的运行效率。掌握数字设备的回收流程与技巧,能保障被淘汰的数字设备中的隐私数据安全,同时实现绿色回收、回笼资金,减少电子垃圾对环境的污染。

通过完成本次任务,我们将具备以下能力。

1. 能够根据个人需求实现对数字设备数据内容的管理。
2. 能够根据数字设备的应用程序类型完成有针对性的优化。
3. 能够使用系统工具对数字设备的操作系统进行基本维护。
4. 能够根据个人需求对数字设备内的数据内容进行备份与还原。

一、通用数字文件内容管理

随着公司业务的数字化推进,财务部门的老员工吴工遇到了难题。在

数字技能

> 吴工以往的工作中基本只涉及纸质文件，对数字设备的使用仅限于打电话和财务系统中简单地录入一些数据。业务数字化的推进使吴工需要掌握计算机文件的创建和管理，以及手机 App、平板电脑软件的安装与删除技能。为了解决这些难题，吴工找到了小浩并向其寻求帮助。

1. 数字设备文件添加与删除

下面以华为鸿蒙操作系统中安装和删除"企业微信"以及在 Windows 10 操作系统中安装和删除"搜狗拼音输入法"为例，分别说明手机和计算机安装和删除 App 或软件的操作过程。

（1）在华为鸿蒙操作系统中安装和删除"企业微信"。

1）在桌面应用程序图标中找到"应用市场"App 图标，并点击进入。

2）在"应用市场"App 页面右上角的搜索栏（见图 6-1-1）输入关键字"企业微信"，即可自动列出与所搜索关键字相关联的 App，通过点击对应程序右侧的"安装"按钮（见图 6-1-2），即可在手机系统桌面中找到已安装完毕的"企业微信"App 图标。

> 扫描封面二维码可观看操作视频

图 6-1-1　华为"应用市场"App 页面

图 6-1-2　华为"应用市场"App 搜索页面

3)如需删除"企业微信"App,可直接在桌面文件中找到"企业微信"App 图标,按住图标约 3 s 后,在弹出的快捷菜单栏中点击"卸载"按钮,即可完成 App 删除,如图 6-1-3 所示。

图 6-1-3　卸载 App 快捷菜单

拓展阅读　手机中的 App 除可以直接在桌面长按图标删除外,还可以从操作系统"应用市场"及"应用管理"程序中删除。

(2)在 Windows 10 操作系统安装和删除"搜狗拼音输入法"。

1)双击运行已下载的"搜狗拼音输入法"安装程序"sogou_pinyin_guanwang.exe"。在弹出的安装页面中,点击"立即安装"按钮,即可完成"搜狗拼音输入法"软件安装,如图 6-1-4 所示。点击"定制输入法"开启输入法的定制栏目,可根据个人需求进行相关设定,最后点击"完成定制"即可完成"搜狗拼音输入法"的程序安装与配置过程,如图 6-1-5 所示。

图 6-1-4　搜狗输入法安装页面

数字技能

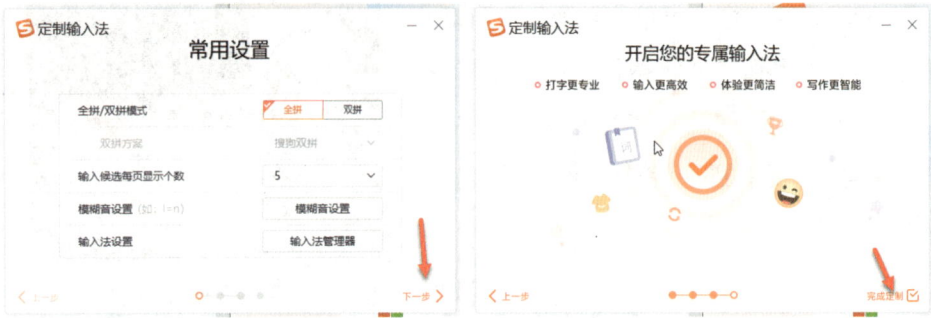

图 6-1-5　搜狗输入法定制页面

2）通过卸载程序卸载"搜狗拼音输入法"。点击操作系统桌面左下角的 Windows 按钮，在弹出的"开始"菜单中输入首字母"S"定位到"搜狗输入法"文件夹。点击展开该文件夹并点击"卸载"程序，在弹出的卸载页面中根据提示点击"立即卸载"，即可完成"搜狗拼音输入法"软件的卸载工作，如图 6-1-6 所示。

图 6-1-6　搜狗输入法卸载页面

拓展阅读　Windows 10 已安装的软件程序除可以在"开始"菜单中找到对应文件夹删除外，还可以从操作系统"应用"程序中的"应用和功能"页面进行删除。

2. 移动数字设备文件可靠性验证

随着信息时代的发展，移动数字设备逐渐变得智能化和多功能化，伴随而来的是各种各样的移动数字设备安全问题。不法分子经常将用于破坏操作系统的病毒、窃取用户私人信息的"特洛伊木马"、窃听类间谍软件等伪装成正规的 App 在第三方平台上发布并引导用户下载安装，导致用户的财产受到损失。因此，移动数字设备中文件的可靠性验证显得尤为重要。本书以华为鸿蒙操作系统为例，介绍如何验证数字设备文件的可靠性。

（1）在华为鸿蒙操作系统中禁止安装非信任来源 App。

1）在华为鸿蒙操作系统的桌面图标中找到并点击"设置"图标。

2）在"设置"页面中，点击选择"安全"选项，在右侧弹出的"安全"页面中点击选择"更多安全设置"，如图 6-1-7 所示。在"更多安全设置"页面中关闭"外部来源应用下载"选项，即不允许从外部引入第三方 App 安装，如图 6-1-8 所示。

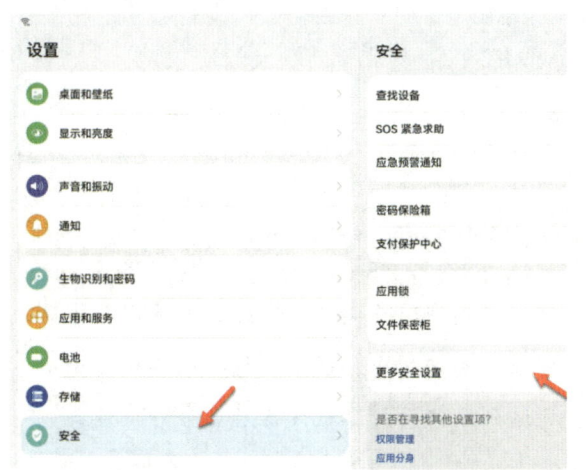
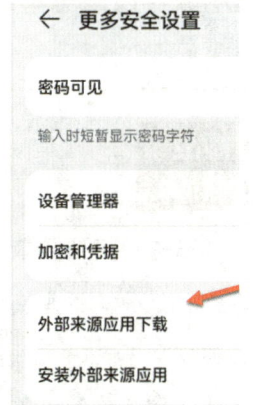

图 6-1-7　华为鸿蒙系统"安全"页面　　　图 6-1-8　"更多安全设置"页面

（2）在华为鸿蒙操作系统中安装并使用"360 手机卫士"验证数据可靠性。

1）首先需要通过点击桌面上的"华为应用市场"图标，搜索、下载、安装"360 手机卫士"并进入 App 主页。

2）在主页中点击"手机杀毒"选项进入检查页面。在该页面中点击"快速扫描"后，"360 手机卫士"便会开始对手机中所存储的文件进行验证扫描和查杀，确保文件的可靠性，如图 6-1-9 所示。

数字技能

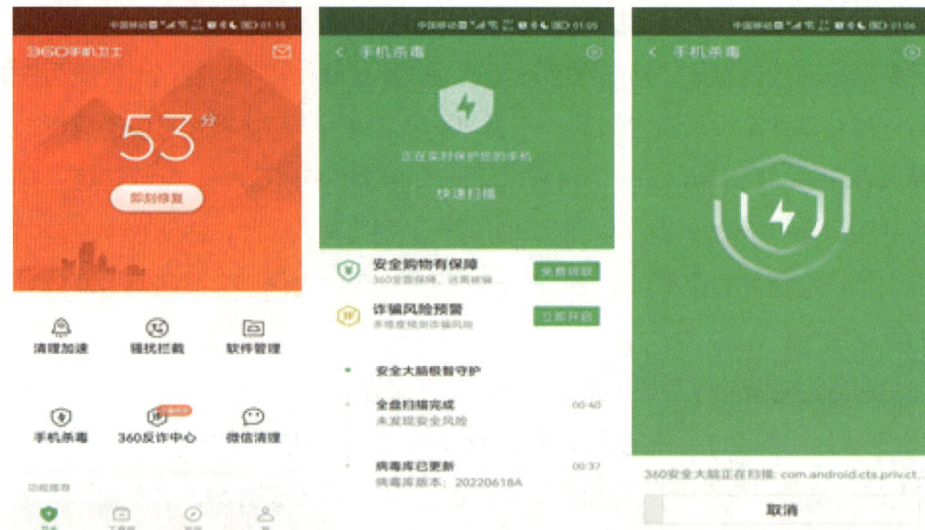

图 6-1-9 使用"360 手机卫士"验证数据可靠性

二、通用数字设备基本维护

随着公司业务数字化工程的落实,各部门各类数字化办公及应用趋于日常化。吴工近期在使用各类数字设备的过程中,经常遇到系统弹出诸如存储空间不足、文件缺失提示,还遇到了挪动计算机设备后部分外部设备无法正常工作等问题。

1. 数字设备操作系统的基本维护

数字设备操作系统的维护是一项长期的工作,下面我们以桌面操作系统冗余垃圾文件的清理以及操作系统维护工作的定期提醒、丢失或被篡改系统文件的修复为例来学习数字设备操作系统的基本维护方法。

> 扫描封面
> 二维码可观
> 看操作视频

(1)利用第三方软件清理计算机、手机操作系统中的缓存文件。

1)使用"360 手机卫士"清理手机操作系统中的缓存文件。点击启动"360 手机卫士"App，在主页中点击"清理加速"图标，程序即可对操作系统进行全盘扫描并查找多余的缓存数据文件。继续点击页面底部的"一键清理"按钮，即可清除已选中的缓存数据，如图 6-1-10 所示。

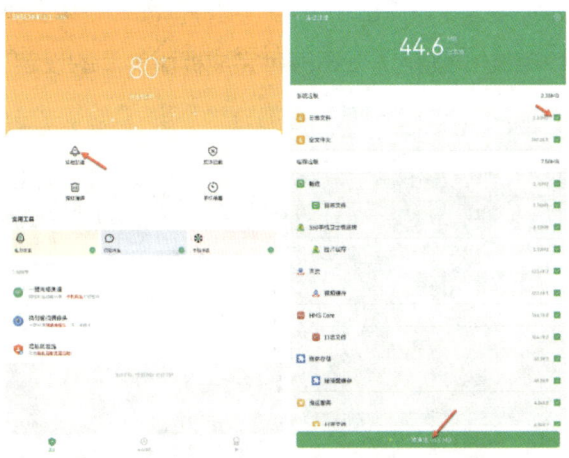

图 6-1-10　"360 手机卫士"中的"清理加速"页面

2）使用"360 安全卫士"清理 Windows 操作系统的缓存文件。点击并启动"360 安全卫士"软件，在如图 6-1-11 所示的主页上方菜单栏中选择"电脑清理"选项。在"电脑清理"页面中点击"一键清理"按钮，待扫描完毕后，可以自定义选择需要清理的项目，或点击右下角的"默认勾选"菜单使用系统默认设定进行清理。最后，点击"一键清理"按钮完成对 Windows 操作系统缓存文件及冗余数据的清理，如图 6-1-12 所示。

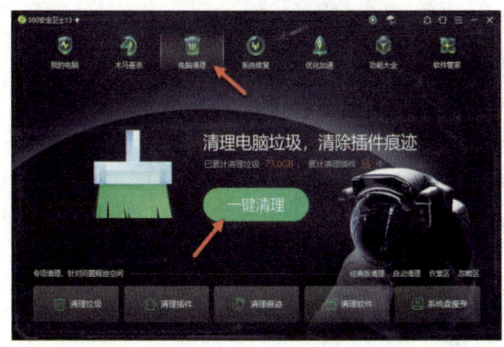

图 6-1-11　"电脑清理"主页

图 6-1-12　"电脑清理"页面

（2）在华为鸿蒙操作系统中使用"提醒事项"功能进行系统维护。

此处设定为每月的 20 日进行一次系统维护提醒。

1）在鸿蒙操作系统的桌面找到并点击"备忘录"App。

2）在"备忘录"App主页中，点击选择右侧"待办"选项，在"全部待办"页面中点击右下方的蓝色"+"图标，即可新建待办项目。在文本框中输入自定义的提醒事项"清洁操作系统临时文件"，点击左下角"闹钟"图标，可在弹出的时间选择窗口中设定好提醒的日期，点击"确定"按钮即可完成提醒时间的设定工作，如图6-1-13所示。

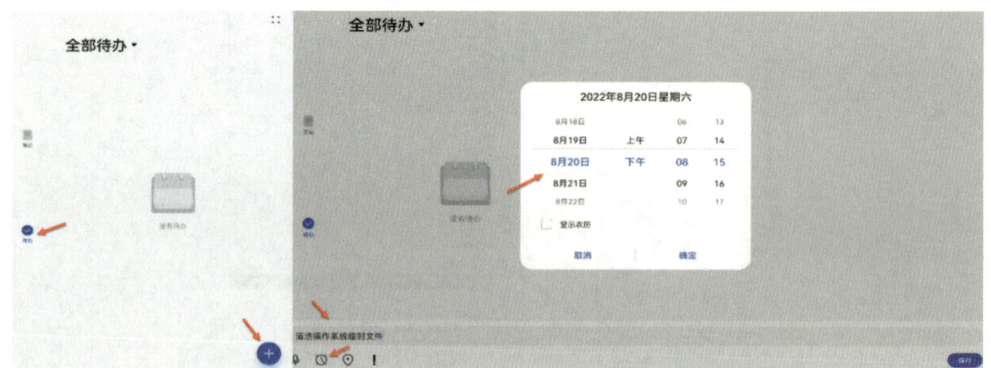

图6-1-13　鸿蒙操作系统"待办事项"程序页面

3）如需要让提醒事项在每月指定的时间进行重复提醒，可以在"全部待办"的页面中点击"！"，在弹出的"重复"对话框中选择"每月"，如图6-1-14所示。全部设定完毕后，点击页面右下方的"保存"按钮即可完成整个提醒事项的设定。

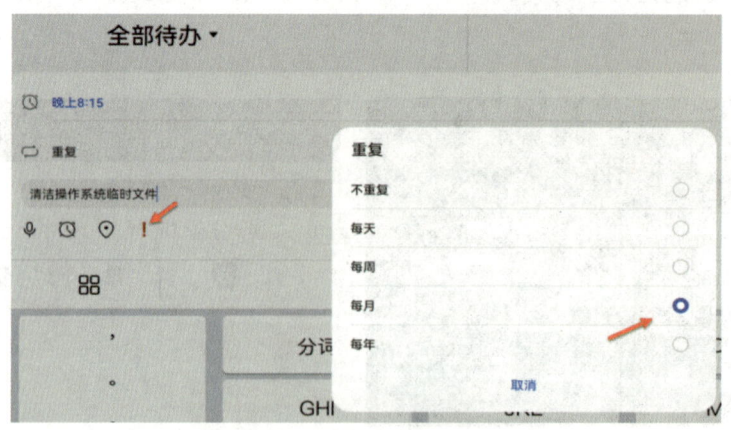

图6-1-14　提醒事项的每月提醒

（3）使用"360急救箱"对Windows操作系统的受损文件进行修复。

1）"360急救箱"无须安装，直接双击在360官网上下载的程序文件即可运行

"360急救箱"。在主页中选中"强力模式"和"全盘扫描"前的复选框，最后点击"开始急救"即可开始全盘扫描，如图6-1-15所示。在对操作系统检查的过程中用户勿做其他的操作，在扫描完毕后需根据提示立刻重启计算机。

图6-1-15 "360急救箱"页面

2)"360急救箱"提供单独的系统文件的修复功能。当操作系统提示系统文件损坏后，用户可以通过在"360急救箱"主页右下方点击"修复系统文件"选项，在新弹出窗口中点击"扫描修复"选项，完成对系统文件的扫描和修复，如图6-1-16所示。

图6-1-16 "360急救箱"系统文件修复页面

拓展阅读

1. 为什么要维护数字设备操作系统

　　随着各类软件程序运行时间的不断增加，对应的文稿及数据不断地累积，所占用的磁盘空间也会同步增长，同时，新软件和插件的安装使磁盘空间进一步减少，这些因素共同影响到了数字设备操作系统的正常运行。

2. 缓存文件的作用

　　程序运行过程中会自动将从服务器获取的内容以某种格式存放在本地文件系统。后期每次数据请求，App 程序均会优先检查缓存中是否已存在这块数据，只有当数据不存在（或者过期）的情况下才从服务器获取，以提升 App 程序数据的读写效率。但 App 程序并不会自动删除缓存，大量的缓存会挤占宝贵的存储空间，降低操作系统的运行效率，因此需定期进行清理。

2. 数字设备工具软件的基本维护

　　数字设备功能的有效发挥离不开各类工具软件，下面我们以"微信"App 的聊天数据备份与还原为例讲解数字设备工具软件的基本维护。

> 扫描封面
> 二维码可观
> 看操作视频

（1）在 Windows 10 操作系统中通过 PC 端微信备份手机端微信 App 数据。

1）下载 PC 端微信软件。登录微信官网 https://pc.weixin.qq.com/，在官网页面中点击"立即下载"，并运行所下载的安装包进行安装。

2）备份手机端微信记录至计算机。运行并登录 PC 端微信，点击页面左下角的功能图标 ≡，在弹出的菜单栏中选择"备份与恢复"，从弹出的"备份与恢复"页面中选择"备份聊天记录至电脑"，在弹出"请在手机上确认，以开始备份"后，启动手机微信端，如图 6-1-17 所示。

3）确保手机与计算机处于同一个无线网络中，此时手机端微信会自动弹出备份窗口，用户可以根据实际需要选择"备份全部聊天记录"或"选择聊天记录"，选择完毕后即开始将数据传输至 PC 端微信进行备份。

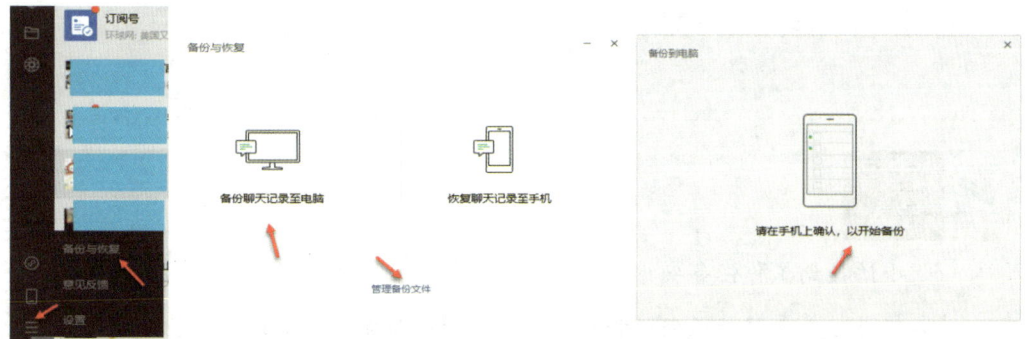

图 6-1-17　PC 端微信设置栏

（2）在 Windows 10 操作系统中通过 PC 端微信还原手机端微信 App 数据。

1）运行并登录 PC 端微信，点击 PC 端微信左下角的功能图标■，在弹出的菜单栏中选择"备份与恢复"选项，从弹出的"备份与恢复"页面中选择"恢复聊天记录至手机"，如图 6-1-18 所示。

2）在弹出的备份窗口中选择需要还原至手机端微信的聊天记录，也可选择恢复特定时段的聊天记录或仅恢复文字记录。选择完毕后点击页面下方的"确定"按钮，当手机与计算机处于同一个无线网络中时，手机端微信会弹出恢复窗口，用户点击"开始恢复"即可，如图 6-1-19 所示。

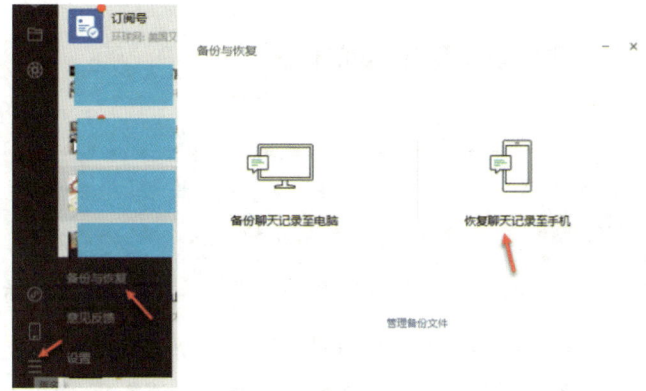

图 6-1-18　PC 端微信恢复数据页面

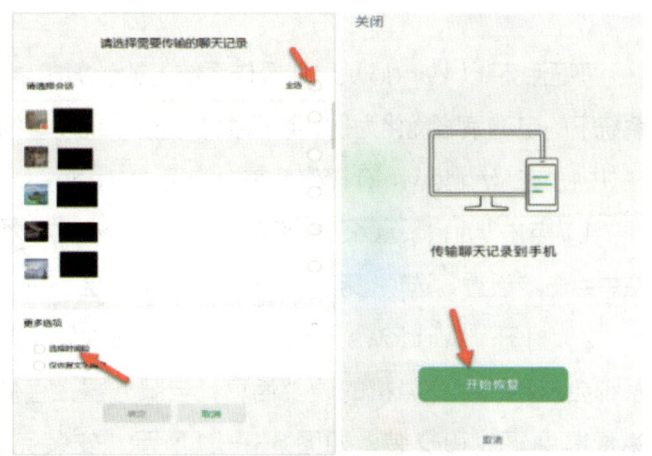

图 6-1-19　手机端微信恢复数据页面

三、通用数字设备的日常优化

小浩接到工作任务安排,除指导老林使用公司下发的平板电脑及台式计算机外,着手对平板电脑和台式计算机进行日常优化。此外,他还需要妥当处理好老林淘汰的数字设备。

1. 数字设备系统设置的优化

拓展阅读 数字设备厂商在设计数字设备配套的操作系统时,为保证最大兼容性,在对所开发的操作系统参数的调教上相对保守,无法完全发挥数字设备的性能。用户可通过对操作系统的相关参数进行优化,有效地提升操作系统的加载与响应速度,提升数字设备的整体运行效率。

下面我们以 Windows 10 操作系统下的计算机硬件驱动程序优化及华为鸿蒙操作系统下的电池策略优化为例,讲解数字设备系统设置的优化。

(1) 在 Windows 10 操作系统中使用"Windows 更新"优化计算机硬件驱动性能。

1) 点击 Windows 10 桌面左下角的 Windows ⊞ 按钮,在弹出的开始菜单侧边栏中点击"设置"选项,随后点击"更新和安全",如图 6-1-20 所示。

2) 打开"Windows 更新"页面后,在联网成功的状态下,Windows 10 操作系统会自动检测计算机的硬件信息,与服务器上存储的硬件驱动信息进行比对,并免费提供下载和安装,如图 6-1-21 所示。安装完毕并重启操作系统后,即可在"Windows 更新→查看更新历史记录→驱动程序更新"中查看已成功安装的驱动程序,如图 6-1-22 所示。

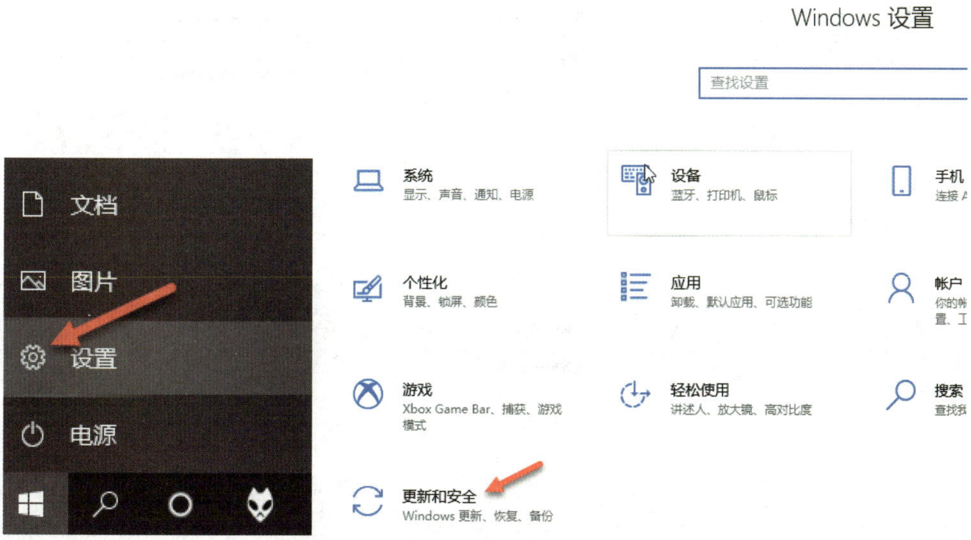

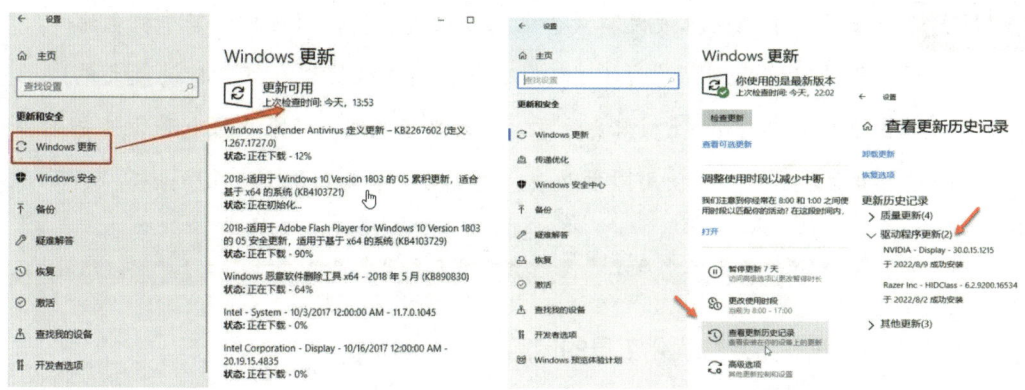

图 6-1-20　Windows 设置页面

图 6-1-21　Windows 更新页面　　　图 6-1-22　查看已更新的驱动程序

（2）在华为鸿蒙操作系统中优化电池使用策略。

1）在华为鸿蒙操作系统的桌面点击"设置"后点击"电池"选项，在"电池"窗口页面中选择"更多电池设置"，如图 6-1-23 所示。

扫描封面二维码可观看操作视频

2）在"更多电池设置"页面，即可从"最大容量"处查看该手机的电池"最大容量"（电池健康度）。通过在该页面中将"智能充电模式""智能峰值容量"开启，由操作系统根据电池自身状态控制充电的电量，以优化充电策略，延长电池寿命，如图 6-1-24 所示。

数字技能

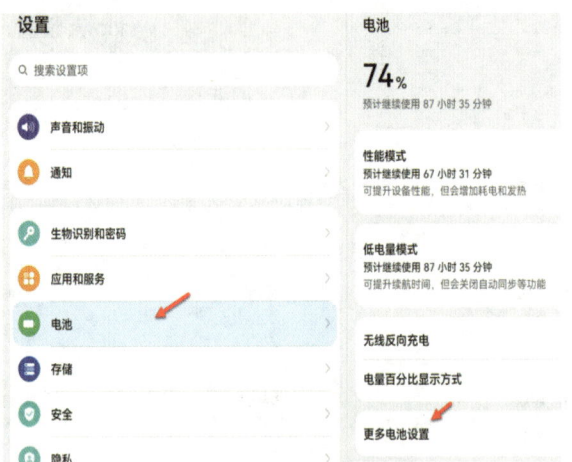
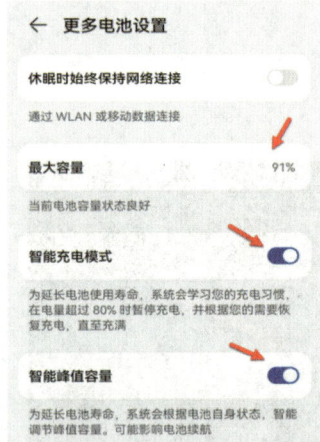

图 6-1-23　电池管理页面　　　　图 6-1-24　电池策略设置页面

拓展阅读　假设某款手机电池最大容量（电池健康度）显示为 84%。若手机电池出厂时所设定的最大容量为 4 200 mA·h，则该电池现在可支持的最大电池容量约为 3 528 mA·h。需要注意，华为平板电脑及苹果平板电脑暂不支持电池健康度显示，需使用同步助手、爱思助手等第三方软件程序检查。

2. 数字设备第三方系统优化工具的运用

第三方系统优化工具的出现，降低了数字设备系统优化工作的难度。我们分别以计算机平台 Windows 10 操作系统下的"鲁大师""驱动精灵""360 安全卫士"三款软件为例，讲解如何运用第三方系统优化工具对数字设备系统进行优化。

（1）在 Windows 10 操作系统中使用"鲁大师"软件优化温控策略。

1）运行"鲁大师"程序，在主页左下方显示计算机中关键硬件的温度，如图 6-1-25 所示。

2）为了更准确地了解计算机的温度变化情况以调整操作系统的温控策略，需在主页左侧的菜单栏中点击"硬件防护"，如图 6-1-26 所示。在该页面中，通过点击页面右上角的"散热压力测试"，使计算机处于高负载状态来测试计算机现有的散热能力是否正常。在计算机使用环境温度较高的情况下，用户可在下方的"节能降温设置"中将温控策略建议选择调整为"全面节能",并开启页面右下方的"高温报警"功能,一般情况下选择"智能温控"即可。

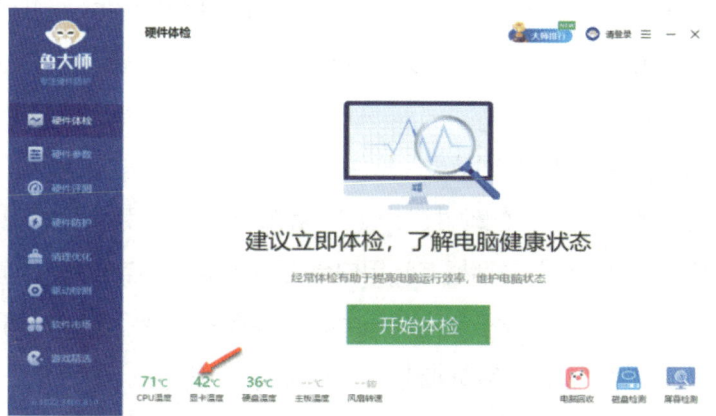

图 6-1-25　鲁大师软件主页

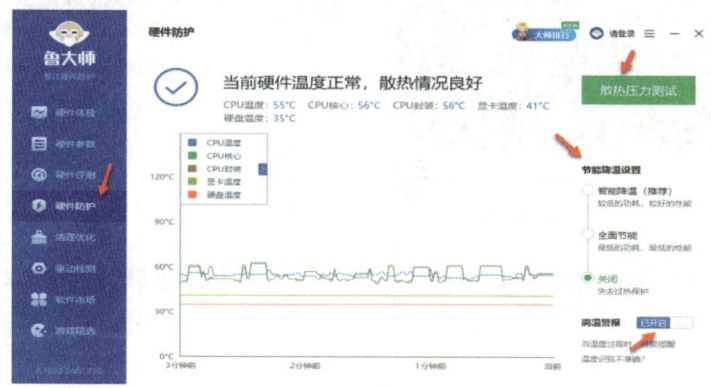

图 6-1-26　鲁大师"硬件防护"页面

拓展阅读　计算机内部硬件设备若持续在 70 ℃以上运作,会加速计算机硬件元件的老化速度,故障率会大幅度提高,导致死机、蓝屏、硬件受损等故障出现。当今绝大部分的计算机硬件均含有温控模块,当温控模块检测到硬件设备的温度过高时,会触发降频和强散热机制,通过降低硬件的性能和提升风扇的转速来降低发热量。此举会导致计算机性能下降、运行速度变慢、散热设备发出噪声等诸多问题。

（2）在 Windows 10 操作系统中使用"驱动精灵"软件优化计算机驱动程序。

在部分情况下，Windows 操作系统无法识别部分硬件设备，尤其是在未能成功安装网络适配器（网卡）驱动程序的情况下，无法正常使用 Windows 10 的驱动检索与安装功能，此时可使用"驱动精灵"软件对无法识别的网卡进行检测并安装驱动，实现计算机驱动程序识别的优化。

双击运行已安装完毕的"驱动精灵"软件，在主页中选择"驱动管理"，如图 6-1-27 所示。"驱动精灵"会对计算机的硬件进行比对检测，在检测过程中会发现工作异常的网卡设备，并弹出"异常提示"对话框询问用户是否进行修复。点击"一键修复"后，"驱动精灵"即会从自身数据库中调配合适的硬件驱动程序进行安装，用户也可以在页面的最右侧手动点击对应硬件的驱动程序安装选项进行单独修复或安装，如图 6-1-28 所示。

图 6-1-27　驱动精灵软件主页

图 6-1-28　驱动精灵软件的"驱动管理"页面

拓展阅读

"驱动精灵"软件不同版本的区别：

"驱动精灵"软件标准版体积容量小，需要联网方能查询硬件驱动程序信息。

"驱动精灵"软件网卡版体积容量适中，内嵌市面上常见的网络适配器（网卡）硬件产品识别码及对应的驱动程序，可在无联网的环境下提供网络适配器（网卡）驱动程序的检测与安装。

"驱动精灵"软件装机版体积容量较大，内嵌市面上常见的计算机硬件产品识别码及对应的驱动程序，可在无联网的情况下提供常见的计算机硬件驱动程序检测与安装。

第 6 章 · 数字安全能力

（3）在 Windows 10 操作系统中使用"360 安全卫士"优化操作系统基础响应性能。

> 扫描封面
> 二维码可观
> 看操作视频

1）在"360 安全卫士"程序主页中点击"优化加速"按钮进入"优化加速"页面。用户可以直接点击页面中央的"一键加速"功能，对启动项、软件启动、网络、系统响应等操作系统基础参数进行优化，也可以在页面下方选择对应的条目进行有针对性的单项优化。

由于 PC 端"360 安全卫士"带有广告推荐，建议安装完毕后点击右上角的设置图标 ☰，根据个人需求依次关闭"产品推荐提醒""焦点资讯提醒""每日趣玩提醒""个性化内容推荐""个性化广告推荐""每日热点""精选推荐"等栏目，如图 6-1-29 所示。

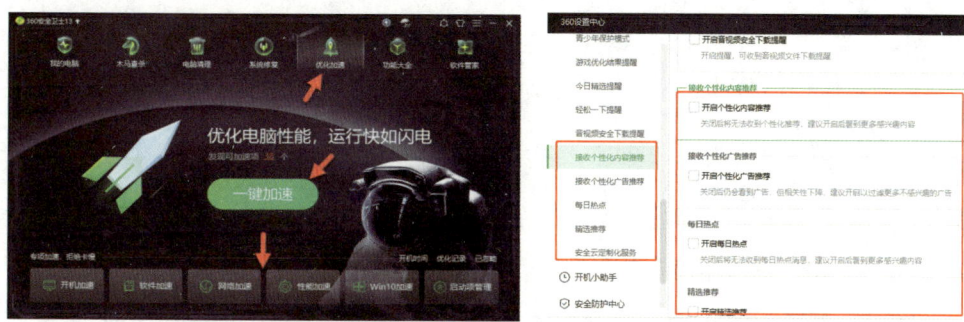

图 6-1-29　360 安全卫士的"优化加速"页面

2）"360 安全卫士"完成整个操作系统的基础性能参数扫描需要一些时间，如图 6-1-30 所示。待扫描完毕后，用户可以在对所需要优化的项目图标右下角方框中进行单独勾选，或者直接勾选"全选"方框，点击"一键优化"按钮，即可完成优化，如图 6-1-31 所示。

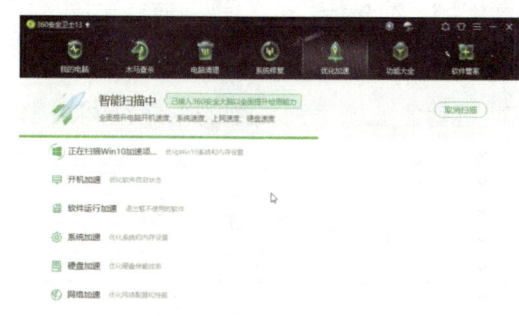

图 6-1-30　优化加速扫描页面

图 6-1-31　选择需要优化加速的项目

217

（4）在 Windows 10 操作系统中使用"360 安全卫士"拦截第三方软件弹窗广告。

1）运行"360 安全卫士"并在主页中点击顶部"功能大全"按钮。在功能大全页面中点击左侧的"安全"页面，在右侧的窗口中点击下载并安装"弹窗过滤"功能，如图 6-1-32 所示。

2）"弹窗过滤"功能安装完毕后，即已经开启针对第三方软件广告的"弹窗过滤"功能。点击进入"弹窗过滤"功能主页，用户可以查看近期所过滤的弹窗情况，并点击"开启强力模式"加强对第三方软件广告的拦截力度，如图 6-1-33 所示。

 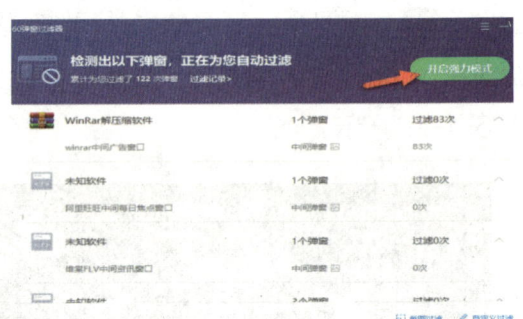

图 6-1-32 "功能大全"页面　　　　图 6-1-33 "弹窗过滤"页面

3. 数字设备日常应用工具的优化

对数字设备的日常应用工具进行优化，能有效降低应用工具在使用过程中所占用资源，提升体验效果。本书以"企业微信""微信"这两款 App 为例，讲解数字设备应用工具的优化。

（1）在华为鸿蒙操作系统中优化"企业微信"App 存储空间。

1）首先点击"企业微信"App 主页右下方"我"选项进入个人信息页面，然后在该页面中点击"设置"按钮，如图 6-1-34 所示。

2）在"设置"页面中，选择"通用"选项后，滑至底部，点击"存储空间"选项，如图 6-1-35 所示。

3）在"存储空间"页面中，可以直观地查看企业微信所占用的存储空间大小。用户可以通过在缓存栏目中点击"清理"按钮删除企业微信的缓存信息。点击"聊天中的文件"栏目中的"管理"按钮，查看好友、群聊的聊天文件占用情况，再根据实际情况点击右侧"!"图标，有针对性地删除无用的文件和图片，为数字设备腾出宝贵的存储空间，如图 6-1-36 所示，其他 App 程序的缓存清理步骤也可参考该步骤。

第 6 章·数字安全能力

图 6-1-34 企业微信"设置"页面

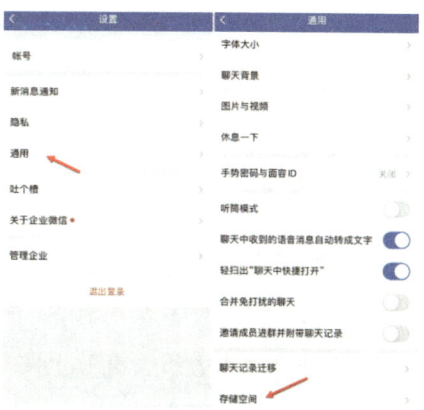

图 6-1-35 企业微信"通用"页面

（2）在华为鸿蒙操作系统中优化"微信"App 程序的老年人使用体验。

1）打开"微信"App 后，点击主页右下角的"我"选项，并在显示的个人页面中点击"设置"选项栏，如图 6-1-37 所示。

2）在设置页面中，点击"关怀模式"，并在页面中点击"开启"按钮，即可将微信从"标准模式"转换为"关怀模式"，以适应老年人群及特殊人群的使用偏好，如图 6-1-38 所示。

图 6-1-36 企业微信"存储空间"页面

图 6-1-37 微信"设置"页面

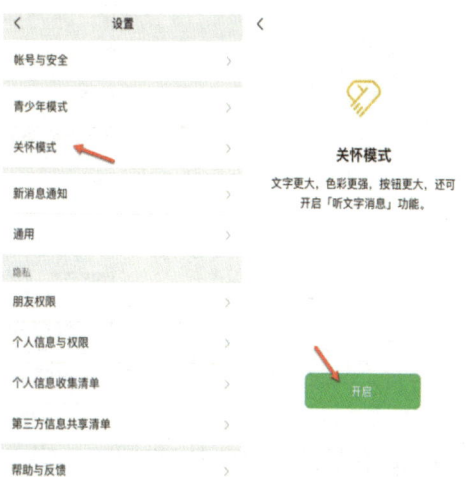

图 6-1-38 微信"关怀模式"

219

数字技能

拓展阅读

微信的特色模式：

青少年模式：开启此模式后，微信小游戏、公众号、视频号、小程序等功能就会受到保护限制，监护人也可以根据情况设置允许访问的范围，确保青少年能正确地使用微信。

关怀模式：开启此模式后，微信文字更大更清晰，对比度更强、更好认，按钮更大更易用，有助于提升老年人、视障群体等人群使用微信的便利性。

（3）在华为鸿蒙操作系统中优化"微信"App程序资源占用效率。

1）优化"微信"空间占用及减少对流量的消耗。在"设置"页面中，点击"通用"选项，继续选择"照片、视频、文件和通话"选项，在对应的页面中分别关闭"自动下载""聊天图片搜索""移动网络下视频自动播放""使用移动网络改善语音质量"4个选项，可以明显减少微信对磁盘空间的占用以及手机移动网络流量的消耗，如图6-1-39所示。

图6-1-39 微信"照片、视频、文件和通话"设置

2）优化显示内容，快速定位所需资讯。在"设置"页面中，点击"通用"选项，继续选择"发现页管理"选项，在对应的页面中将会列出所有的资讯主题。对于不感

兴趣的内容，可以点击页面右侧的"＞"，并设置为"不显示"，即可精确显示自己所需要的资讯内容，如图 6-1-40 所示。

图 6-1-40　微信"发现页"设置

> **拓展阅读**　"微信"App 的功能越来越强大，随之而来的是微信程序占用的存储空间越来越大。各种微信多媒体应用通过互联网交换数据信息，让用户的移动流量捉襟见肘。通过有针对性的优化，可以有效降低流量的使用。

四、通用数字设备管理

> **微故事导入**
>
> 　　随着公司业务数字化工程的深入，企划部的数字设备上存放了大量的业务数据。企划部负责人担心数据一旦损坏或丢失，将会给公司和部门造成无可估量的损失。企划部负责人希望小浩能做好相关数字设备中数据的备份工作，并在故障设备修复后恢复数据。

下面我们以 Windows 10 操作系统、华为鸿蒙操作系统为环境基础，讲解软件程序及系统关键文件的备份与还原，学习数字设备内容备份管理技能。

1. 数字设备的数据备份

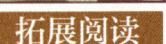 数据备份的方式一般有两种：一种是采用单机备份的方式，利用备份还原工具将数据备份到本地存储平台上；另一种是基于网络形式传输，将数据通过网络传输到诸如 NAS、公有云服务器上的数据备份平台中。

（1）在华为鸿蒙操作系统中备份手机全部数据。

1）在华为鸿蒙操作系统桌面上点击"设置"程序，选择"系统和更新"，随后选择"备份和恢复"，如图 6-1-41 所示。

2）在"备份和恢复"页面中，支持"云备份""外部存储""华为手机助手"三种备份方式，在备份的数据量较大且网速较低的情况下，建议使用"外部存储"的方式或使用"华为手机助手"将数据备份到外部存储设备中。本书选择使用"外部存储"中的"外置存储卡"方式进行备份，如图 6-1-42 所示。

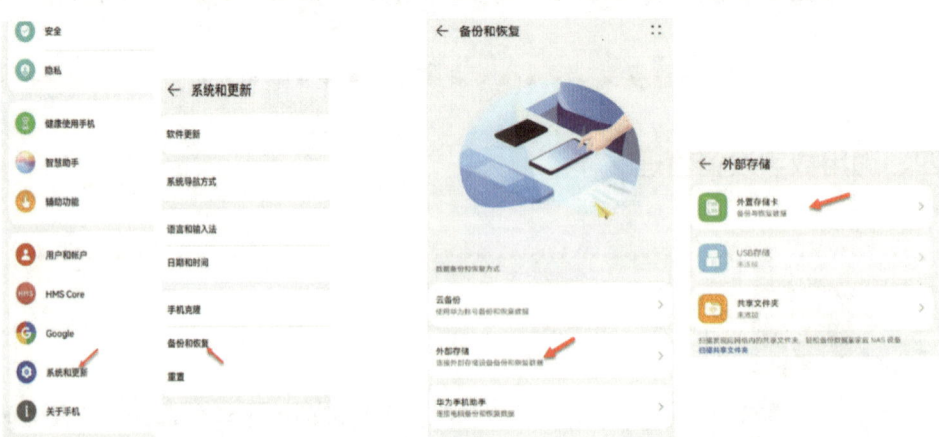

图 6-1-41 鸿蒙"系统和更新"设置页面　　图 6-1-42 鸿蒙"备份和恢复"页面

3）在"备份到外部存储"页面中，用户可查看外置存储卡的可用容量信息，并设定是否启动"自动备份"以及自动备份的项目，选择完毕后点击页面最下方的"新建备份"按钮。出于数据安全考虑，一般会在"校验应用锁密码"页面中为备份文件设定密码进行加密，如图 6-1-43 所示。

4）在"选择数据"页面可对本次手动备份的数据进行自定义设置，确认选择项目无误后，点击页面下方的"开始备份"即可开始备份过程，如图 6-1-44 所示。由于备份过程时间长，且不能切换出当前程序进程，故用户在备份期间不可操作设备。

图 6-1-43　备份选项设定页面　　　　图 6-1-44　备份启动页面

（2）在 Windows 10 操作系统中使用系统"备份"功能备份计算机关键数据。

> 扫描封面
> 二维码可观
> 看操作视频

1）点击 Windows 10 操作系统桌面左下角的 Windows 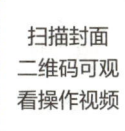按钮，找到"设置"按钮，点击进入 Windows"设置"页面，点击"更新和安全"选项，如图 6-1-45 和图 6-1-46 所示。

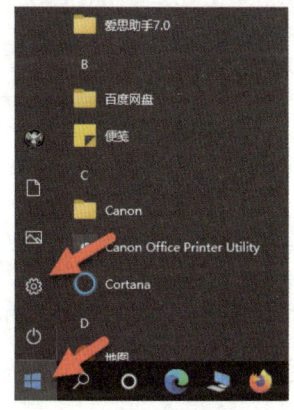 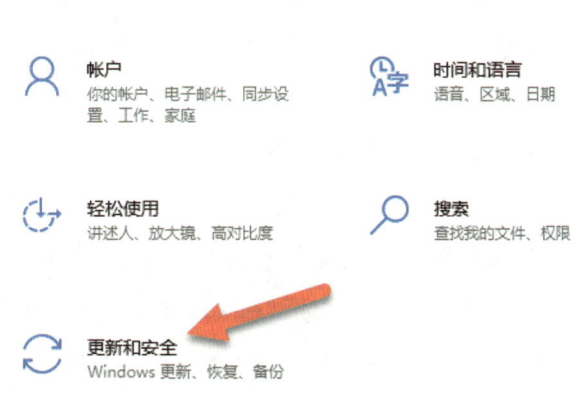

图 6-1-45　Windows 开始菜单页面　　图 6-1-46　Windows"设置"页面

2）在"更新和安全"设置页面中，点击左侧菜单栏的"备份"选项，并在窗口中选择"添加驱动器"按钮，添加用于存放备份文件的驱动器后，Windows 用户关键文件夹的自动备份工作便会开始，如图 6-1-47 和图 6-1-48 所示。

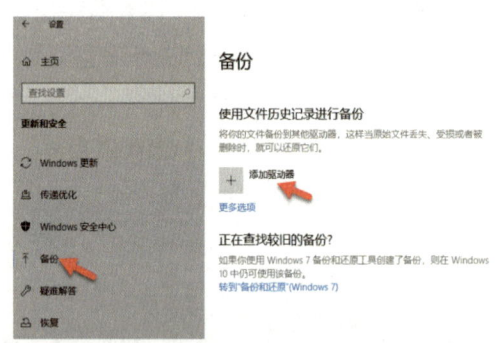

图 6-1-47　启动驱动器"备份"页面　　图 6-1-48　选择并激活驱动器自动备份

3）若用户仍需备份特定的文件夹资料，可在如图 6-1-47 所示"备份"页面中，通过点击"更多选项"按钮进入"备选选项"页面，如图 6-1-49 所示。在此页面中，用户可在"备份这些文件夹"页面下通过点击"添加文件夹"选项功能实现相关要求。此外，用户还可对驱动器的"备份时间间隔""往期备份数据是否进行保留"等参数进行设定。

4）由于 Windows 10 操作系统默认无法直接进行全系统数据的备份，所以，若用户需要对计算机进行完整备份，可在如图 6-1-47 所示页面中选择"转到备份和还原（Windows 7）"选项，在"转到备份和还原（Windows 7）"页面中，利用继承自 Windows 7 系统的备份工具，在 Windows 10 系统下完成对操作系统数据完整备份的操作。选择"创建系统映像"选项，选择备份存放的驱动器目录后，即可启动针对操作系统所在磁盘驱动器的系统备份映像创建向导，从而实现对操作系统的完整备份，如图 6-1-50 所示。

2. 数字设备的数据还原

（1）在华为鸿蒙操作系统中还原已备份的相关数据。

在鸿蒙操作系统桌面上点击"设置"程序，随后依次点击"系统和更新→备份和恢复→外部存储"选项，在"从备份记录恢复数据"栏中可以查看已备份成功的数据，此时只需要点击对应的备份记录，并输入身份验证密码，即可开始数据恢复，如图 6-1-51 所示。

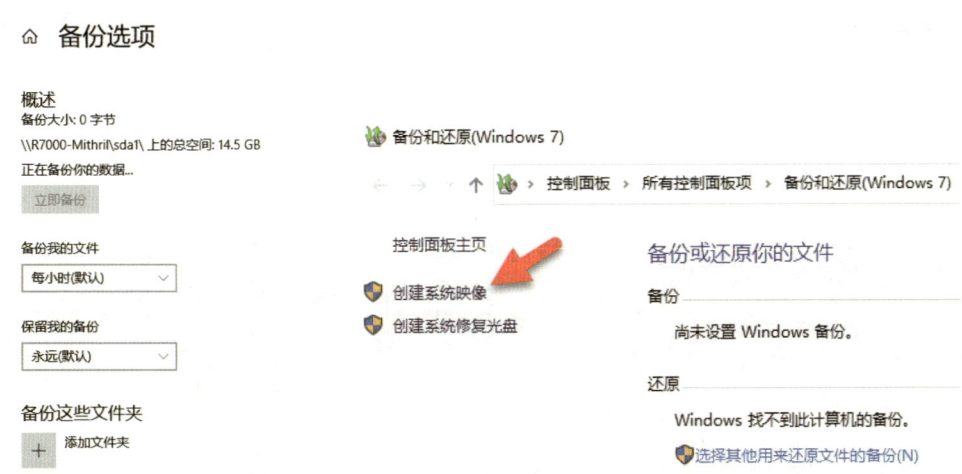

图 6-1-49 "备份选项"页面   图 6-1-50 隐藏的 Windows 7 备份工具

图 6-1-51 鸿蒙系统恢复数据选项

（2）在 Windows 10 操作系统中利用 Windows 备份还原功能还原已备份的关键文件。

1）在如图 6-1-47 所示页面中，点击"更多选项"按钮，进入"备份选项"页面（见图 6-1-52），选择"从当前的备份还原文件"选项，随后在打开的"主页-文件历史记录"主页中，通过点击页面下方的绿色圆形恢复按钮对相关数据进行恢复，如图 6-1-53 所示。

数字技能

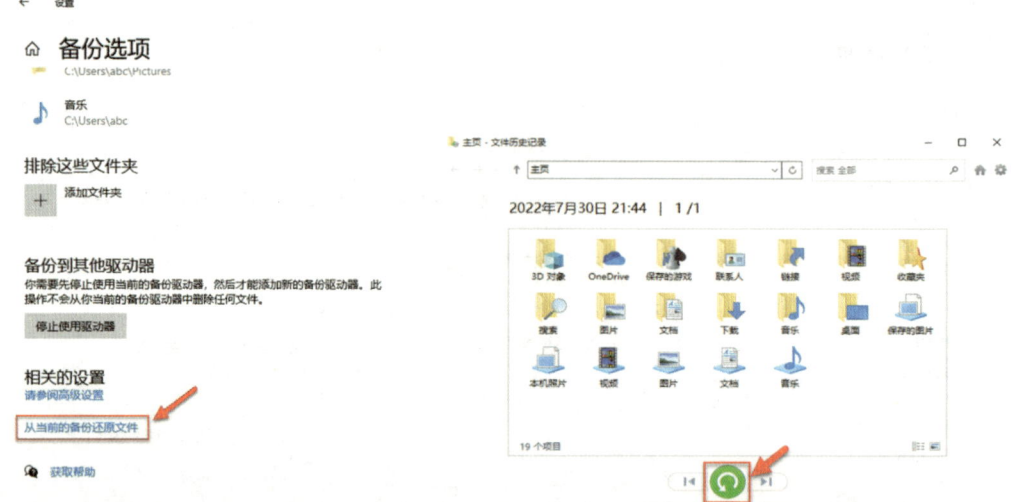

图 6-1-52　备份还原　　　　　　图 6-1-53　从镜像文件恢复分区

2）若已完成上一节所提到的关键文件备份还原工作，现需要恢复原有的操作系统数据。用户可通过依次点击"开始→Windows 设置→更新和安全→备份"，在"转到备份和还原（Windows 7）"页面下方的"还原"区域找到已备份的系统分区数据，选择列出的已备份文件，并点击"还原"选项即可启动数据还原向导，如图 6-1-54 所示。

图 6-1-54　隐藏的 Windows 7 还原工具

五、数字设备常用外部设备的安装与清洁维护

随着公司业务数字化工程的深入，小浩经常需要为数字设备安装各类外部设备。为降低设备的故障率，小浩开始着手逐步对相关设备开展维护工作。

下面我们以计算机鼠标、键盘和打印机等常见外部设备的安装及计算机关键设备的清洁维护为重点，学习常用设备的安装与维护技能。

1. 常用外部设备的安装

（1）为台式计算机安装鼠标和键盘。

1）判断鼠标、键盘的接口类型。现在市面上主流的鼠标、键盘接口分为 PS/2 和 USB 接口。鼠标的 PS/2 接口一般为绿色，键盘的 PS/2 接口一般为紫色，USB 接口的鼠标及键盘则无颜色区分，如图 6-1-55 所示。

2）将鼠标、键盘连接至计算机设备。PS/2 接口的鼠标和键盘必须根据对应颜色和方向进行接入，错误的接入容易损坏设备的针脚。USB 接口则只需按接口方向进行接入即可。为节约成本，部分计算机将 PS/2 接口融合为一个接口，具体特征为接口同时有紫色和绿色，表示该接口可接入鼠标或键盘，如图 6-1-56 所示。

图 6-1-55　常见鼠标键盘接口

图 6-1-56　计算机主板接口

（2）为计算机安装外部设备（以惠普 P1008 激光打印机为例）。

1）将惠普 P1008 激光打印机（以下简称"打印机"）接入计算机。将打印机配套的电源线分别对接打印机电源接口和电源插座（见图 6-1-57），用数据线连接打印机和计算机。其中数据线长方形 USB 接口连接计算机主机背部主板 USB 接口，数据线方形一头接入打印机接口，如图 6-1-58 所示。

图 6-1-57　打印机电源输入接口

图 6-1-58　打印机数据线接口

2）安装打印机驱动程序。在将惠普打印机连接到计算机并启动电源后，打开惠普打印机驱动官网 https://support.hp.com/cn-zh/drivers/printers，在搜索框中输入需要安装驱动程序的打印机型号，选择适用于本机操作系统的驱动程序，点击"下载"选项开始下载驱动程序。

3）打开已下载好的打印机驱动程序，并确保打印机电源开启且数据线已正确连接。根据安装提示，点击"下一步"，开始安装程序。

4）打开"Windows 设置"菜单，点击"设备"，再点击"打印机与扫描仪"，查看打印机驱动程序是否安装成功，如图 6-1-59 所示。

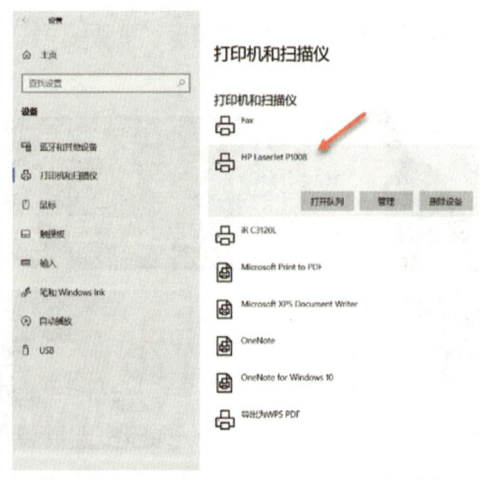
图 6-1-59　查看打印机驱动程序安装情况

5）点击"管理"，查看打印机状态，状态应为"空闲"。再点击左侧菜单栏"打印测试页"，对打印机进行功能测试，如图 6-1-60 所示。若以上测试均正常，则证明打印机已安装成功。

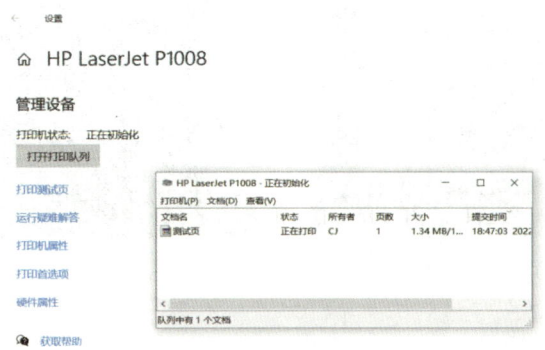

图 6-1-60　打印测试页

2. 常用外部设备的清洁维护

下面以使用维护工具对计算机设备进行除尘为例，讲解常用外部设备的清洁维护。

（1）计算机主机箱外部可使用抹布蘸一些清水进行擦拭，主机箱内部的清理则需要分解主机箱。在分解计算机主机箱前，需对主机箱背面两侧进行观察，并确认两侧的挡板是否可拆卸。一般计算机主机箱每侧挡板上下各有两颗螺钉，可以搭配使用不同规格的十字旋具进行拆卸，如图 6-1-61 所示。

（2）在分解计算机主机机箱后，可用毛刷对计算机内部环境进行初步除尘清洁。如果机箱内部积尘比较严重，再用毛刷进行局部清灰处理，如图 6-1-62 所示。

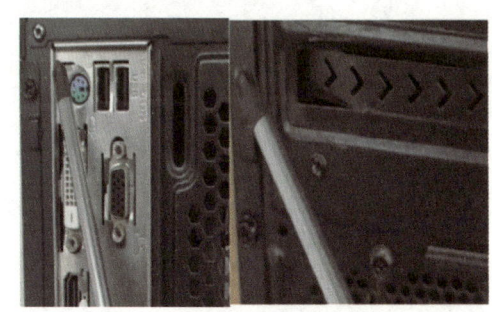

图 6-1-61　计算机主机侧挡板　　　　图 6-1-62　局部清灰

（3）CPU 散热器通过设计密集的散热片以提升散热效果，且位置在机箱中的风道当中，一般情况积尘会比较严重。在将 CPU 散热器部分拆卸下来后，可先使用吹尘球进行全面清理，然后再使用毛刷进行局部顽固灰尘的清理工作，如图 6-1-63 和图 6-1-64 所示。

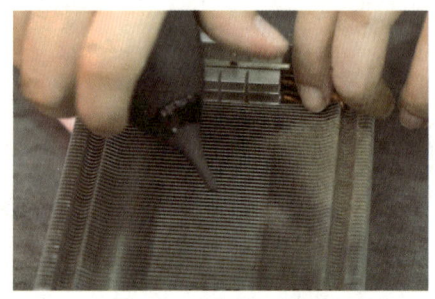
图 6-1-63　吹尘球除尘

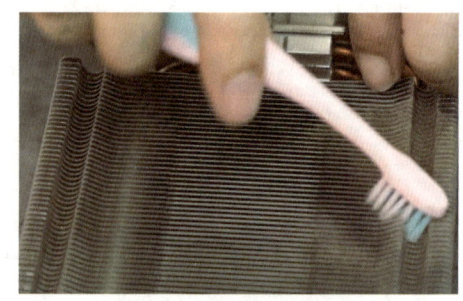
图 6-1-64　毛刷除尘

（4）针对显卡、内存条等通过金属触片与主板进行对接的硬件，可以通过使用磨砂橡皮擦对其金属触片进行反复擦拭，直至金属触片重新焕发金属光泽，如图 6-1-65 所示。最后，将所有设备安装到计算机主机箱中，即可完成清洁工作。

图 6-1-65　清理内存条

六、淘汰数字设备的处理

随着数字设备迭代更新速度的加快，各个部门因性能原因被淘汰的数字设备数量日趋增多，但考虑到安全性及废旧资产绿色回收政策要求，不能将这些淘汰设备随意处理。公司负责人将处理这些淘汰设备的任务安排给了小浩，请其进行规范处理。

下面我们以淘汰的联想 E40 笔记本、iPad Air 平板电脑回收处理为例，来介绍数字设备的绿色回收处理方法。

1. 数字设备的内容擦除

数字设备会存储大量的个人、业务信息，普通的删除数据操作并不能彻底完成对数据的擦除，不法分子仍可盗取用户个人数据。我们将以 Windows 操作系统及 iOS 操作系统为例，讲解如何彻底擦除数字设备的原有个人数据。

（1）在 Windows 操作系统环境中对联想 E40 笔记本数据进行擦除。

1）在官网上下载 DiskGenius 软件，该软件无须安装，将下载下来的压缩包解压缩后，可得到一个名为"diskgenius"的文件夹，运行文件夹中名为"DiskGenius.exe"的可执行文件，即可启动 DiskGenius 软件。

2）以擦除计算机中磁盘分区"R 盘"的数据为例。在 DiskGenius 页面的左侧"磁盘"浏览器页面中，通过点击"+"展开对应磁盘分区并点击选中磁盘分区"R"的图标后，依次点击主页顶部菜单栏中的"工具""清除扇区数据"选项，如图 6-1-66 所示。

3）在弹出的"清除扇区"窗口中，可选择清除工作完成后关机、重启等设定，如图 6-1-67 所示。最后依次对需要擦除数据的磁盘分区重复相同的操作即可。

 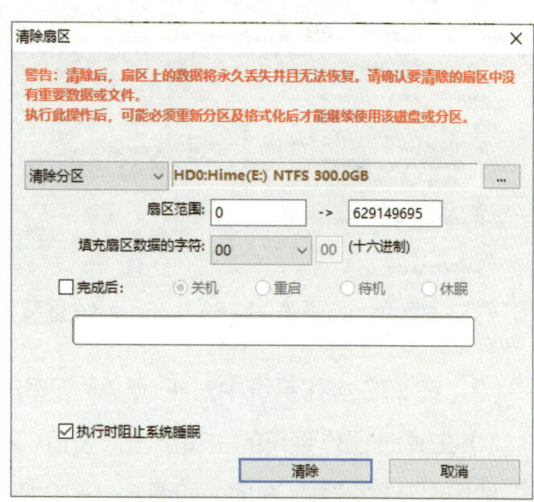

图 6-1-66　DiskGenius 的"工具"菜单　　图 6-1-67　DiskGenius"清除扇区"页面

4）使用"360 安全卫士"的"系统重装"工具擦除操作系统所在分区数据。运行"360 安全卫士"，在其主页中选择"功能大全"，在"功能大全"页面左侧栏中选择

"系统"子选项,并运行"系统重装"功能。

5)运行"360系统重装大师",在主页中点击"重装环境检测",程序将开始检测现有系统是否符合重装的条件,如图6-1-68所示。

图6-1-68 360系统重装大师"环境检测"页面

6)通过重装环境检测后,"360系统重装大师"则会下载相关系统文件并进行系统重装操作,如图6-1-69所示。点击主页右下方的"立即重启"按钮重启计算机设备后,操作系统便会启动恢复程序,当恢复进程完成后操作系统即可恢复到初始状态,原有的所有个人使用数据均被擦除,至此,整台联想E40笔记本的数据擦除工作便完成。

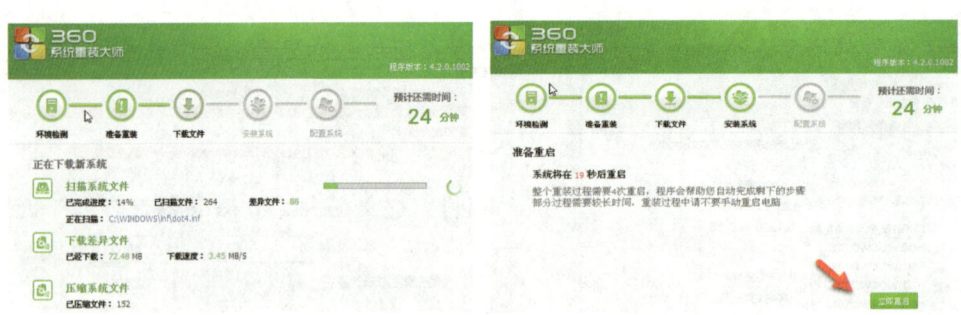

图6-1-69 360系统重装大师"下载文件"页面

(2)在iOS操作系统中对iPad Air设备的数据进行擦除。

1)在iOS操作系统的主页点击"设置"程序,打开"设置"后,点击左侧的"通用"按钮以及"还原"选项,如图6-1-70所示。

2)在"还原"页面中,可以对操作系统的多个设置进行还原。由于本次是要擦除iPad Air中的所有数据,故选择"抹掉所有内容和设置",并在弹出的确认窗口中点击"立即抹除"选项,即可开始擦除设备中所有的个人数据,如图6-1-71所示。

第 6 章·数字安全能力

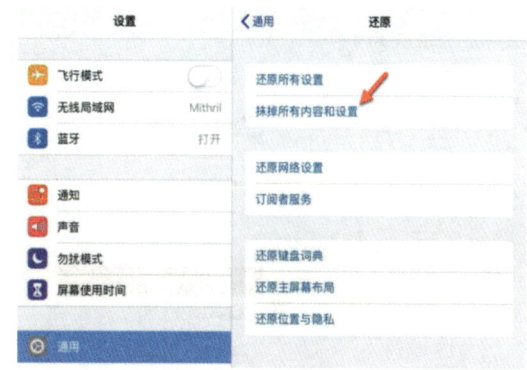

图 6-1-70　iOS 系统"通用"设置　　　图 6-1-71　iOS 系统"还原"设置

2. 数字设备的回收

下面以京东"拍拍"上完成 iPad Air 设备的回收为例，学习数字设备回收。

> **拓展阅读**　京东"拍拍"业务主要覆盖二手商品购买、二手商品回收及商品租赁业务，也有个人闲置交易业务。用户在"拍拍"上可以完成旧手机、数码设备、计算机、DIY 配件、家用电器等多品类物品的回收变现。

（1）通过浏览器打开京东"拍拍回收"官方网站（https://huishou.jd.com/），点击页面顶部的"免费注册"选项在线注册一个京东商城账号，如图 6-1-72 所示。在注册页面中，个人可以直接按流程进行注册，企业用户则建议点击页面右下方的"企业用户注册"

图 6-1-72　京东"拍拍回收"官方页面

233

选项，在企业注册页面中进行注册，如图 6-1-73 所示。

图 6-1-73　京东"拍拍回收"注册页面

（2）在京东"拍拍回收"主页的搜索框中输入关键词"iPad Air"并搜索，在结果页面中选择对应的 iPad Air 商品页面，如图 6-1-74 所示。

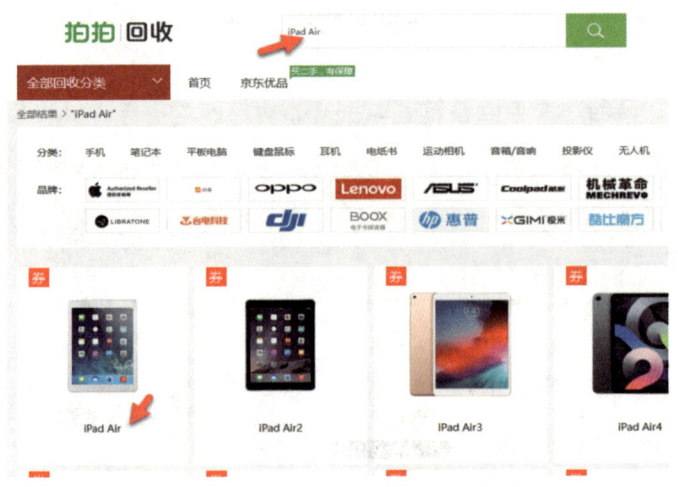

图 6-1-74　京东"拍拍回收"搜索页面

（3）在 iPad Air 商品页面中，根据页面引导并结合实际情况对该数字设备的各项状况进行选择，选择完毕后点击右下角的"查看报价"，完成官方估价流程，如图 6-1-75 所示。用户选择收款方式后，有相关的疑问可以通过点击左下方的"咚咚客服"按钮进行咨询，最后点击页面下方的"立即回收"按钮后即可生成回收订单，待回收专业人员上门完成数字设备的回收工作后，即完成回收流程，如图 6-1-76 所示。需要注意的是，回收专业人员在回收现场会对回收的商品进行再次检查并二次估价。

图 6-1-75　京东"拍拍回收"商品详情页

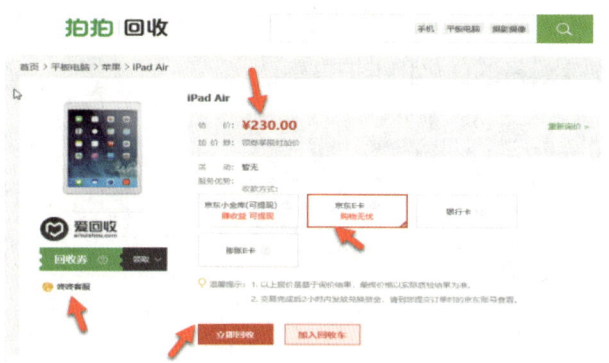

图 6-1-76　京东"拍拍回收"订单详情页

1. 为什么要学习数字设备回收

随着社会信息化进程的不断推进，硬件技术的发展日新月异，数字设备的更新迭代越来越快，涉及电子数码产品的国家法律法规也日趋完善和严格，数字设备正规且有效的回收越发重要。

2. 设备数据擦除的重要性

数字设备在使用中，磁盘会存储大量的数据，涉及大量个人隐私信息。未经完整数据擦除的设备被遗弃后，不法分子可以通过技术手段进行破解、读取和掌握数字设备原主人的各类未经加密的信息，导致个人信息泄露甚至造成财产损失。

数字技能

总结与情景拓展

总结

通过以上学习,我们对数字设备及内容保护有了初步认识,能够掌握数字设备日常保养维护、内容备份和恢复、系统优化和维护、管理数字文件内容等技能,会使用数字设备解决在使用过程中遇到的问题。

应用情景拓展

小浩将相关经验制作成了《常见数字设备优化和维护指南》,提供给公司同事以供参考。请你根据自己的工作实际情况,撰写并制作一份针对自己所拥有数字设备的优化和维护指南。

第 2 节　个人数据与隐私保护

学习情景

根据中国互联网络信息中心第 49 次《中国互联网络发展状况统计报告》显示，截至 2021 年 12 月，有 22.1% 的网民遭遇过个人信息泄露。小浩所在的业务部门经常需要组织联谊交流活动，所拍摄的大量图片和视频存放在网络云盘上。如果你是小浩，你将如何做好数据与隐私保护这项工作呢？

核心要素

在工作与生活中，用户想要加强个人信息保护，防止账号密码等隐私泄露，需要掌握数字设备权限管理技能，了解云服务器提供商的特点，熟悉云数据存放服务的注意事项，将个人数据以安全的方法存储。

通过本次任务，我们将具备以下能力。

1. 能够注册网络账号，做好个人账号信息及隐私保护措施。
2. 能够根据产品功能和使用需求选择云数据服务。
3. 能够根据个人特点定制数据存储方法和安全设置。

一、个人账号的注册与隐私保护

微故事导入

老吴是小浩公司后勤部的老员工，他非常羡慕年轻人在网上采购各种各样的物品，他也想学会淘宝上购物、使用支付宝付款，遂在小浩到后勤部协助办公时向其请教相关方法。小浩在详细获知老吴的需求后，遂设想通过支付宝来教老吴如何进行常见 App 的注册及隐私设定。

1. 注册账号的方法

注册网络账号是使用网络软件的第一步，注册方式一般包括手机号码注册、邮件注册和第三方社交软件关联注册等。

（1）使用手机号进行注册时，平台运营方会向手机发送验证码，用户通过输入验证码确认手机真实性后，即可将手机号作为个人账号进行登录。

（2）使用电子邮箱进行注册时，平台运营方会向所填写电子邮箱发送验证码，用户通过输入验证码确认电子邮箱的真实性后，即可将电子邮箱作为个人账号进行登录。

（3）使用第三方社交软件进行注册时，在用户允许的情况下，平台运营商获取用户第三方社交软件的公开账户信息作为该平台的个人账号进行登录。但一般情况下仍需要对手机号进行进一步验证。

我们以注册"支付宝"App 为例，介绍个人账号注册。

1）用手机登录"支付宝"应用，点击"注册账号"，如图 6-2-1 所示。

2）输入手机号码，点击"注册"，填写验证码验证，验证码校验成功后，则自动登录"支付宝"App 首页，这时账号注册成功，如图 6-2-2 所示。

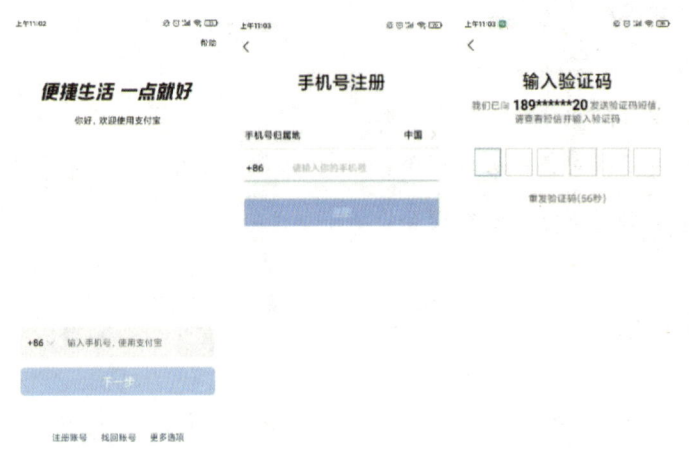

图 6-2-1　支付宝"注册"页面　　　　　图 6-2-2　支付宝首页

2. 密码设置与管理

（1）密码安全基本原则。

1）不使用空密码、与用户名相同的密码、连续的数字和字母以及"520""1314""aini"等典型的弱密码。

2）在公司、图书馆等公共场所上网时，要养成不保存密码、登录之后及时退出并清除浏览器 Cookie 的良好习惯。

（2）密码设置原则。在日常的实际生活中，可以参考《中华人民共和国密码法》根据生活场景自定义设置"普通""核心"两级密码。

1）普通密码。该等级密码设定原则为密码由不连续的某个字符组成，且长度不小于 8 位，并避免使用出生日期作为密码组成项。该类密码主要应用在家庭网络设备登录、信息浏览类论坛、网站、App 等，例如家庭路由器的 Wi-Fi 密码，抖音、快手、高德地图等日常 App 以及腾讯、网易、百度等公共信息资讯类网站及论坛的登录密码。

2）核心密码。该等级密码设定原则为在普通密码的设定原则基础上，进一步确保所设定密码中含有"大写字母（A~Z）""小写字母（a~z）""数字（0~9）""特殊字符（！@￥%#*）"四大类字符。

（3）密码设置方法与技巧。下面，我们以"支付宝"App 为例，讲解个人账号密码的设定方法与技巧。

1）用手机登录"支付宝"App，点击右下角的"我的"，然后选择右上角的小齿轮图标，如图 6-2-3 所示。

2）在设置页面中依次点击"账号与安全→登录设置→修改登录密码"，等待安全检测完成后，点击"立即修改"，即可填入新密码，并点击保存，如图 6-2-3 所示。

图 6-2-3　设置支付宝登录密码

3. 数字设备权限管理

在数字时代，大数据在提供便利的同时，也带来了隐私被泄露的潜在风险。普通用户的个人数据涉及生活工作的各个方面，一旦这些数据被泄露，身份证号码、手机号码、消费记录、出行路线等个人信息都在数据库里一览无余，后果不堪设想。因此通过调整数字设备应用软件权限可以很好地保护个人信息和隐私。

我们以"支付宝"App 和"QQ"App 为例，讲解数字设备权限管理的设定方法与技巧。

> 扫描封面
> 二维码可观
> 看操作视频

（1）应用管理。手机依次点击"设置→应用设置→授权管理→应用权限管理→应用管理"，点击"支付宝"App，进入其权限管理，如图 6-2-4 所示。点击"录音"，页面中可针对录音权限进行"拒绝""询问""仅在使用中允许"和"始终允许"4 种设置，这时根据需要设置为"询问"，如图 6-2-4 所示。

（2）权限管理。手机依次点击"设置→应用设置→授权管理→应用权限管理→权限管理"，点击"相机"权限管理，可以对相机权限进行调整，如图 6-2-5 所示。点击"QQ"App，有"拒绝""询问"和"仅在使用中允许"3 种权限设置，根据需要设置为"仅在使用中允许"，如图 6-2-5 所示。

图 6-2-4　应用管理设置权限

图 6-2-5　权限管理应用设置

二、云数据隐私保护

　　随着丰富多彩的客户交流活动的开展，拍摄的照片、视频越来越多，有限的手机内存已经无法满足大量图片、视频的存储需求，小浩考虑选择云数据服务来存放照片和视频。

1. 云数据服务提供商的选择

　　目前，主流的云数据服务提供商有"百度网盘""腾讯微云"和"阿里云盘"等，如图 6-2-6 所示。作为云数据服务提供商，应充分满足用户三个基本需求，即存储备份、便捷分享和安全私密。

图 6-2-6　云数据服务提供商

2. 云数据存储服务的隐私安全设置

　　在使用云数据存储服务的过程中，云数据服务提供商会给用户提供一定的文件隐私安全设置功能。我们以 PC 端"百度网盘"软件为例，介绍云数据存储服务的隐私安全设置。

　　（1）启用百度网盘的用户个人"隐藏空间"。

　　1）运行并登录百度网盘客户端。

　　2）在百度网盘首页左侧的"我的文件"栏目中，选择"隐藏空间"栏目，如图 6-2-7 所示。

　　3）在"隐藏空间"页面中点击"启用隐藏空间"按钮（见图 6-2-8），并按照步骤提示创建全新的二级认证密码，即可完成百度网盘隐藏空间的创建工作。

数字技能

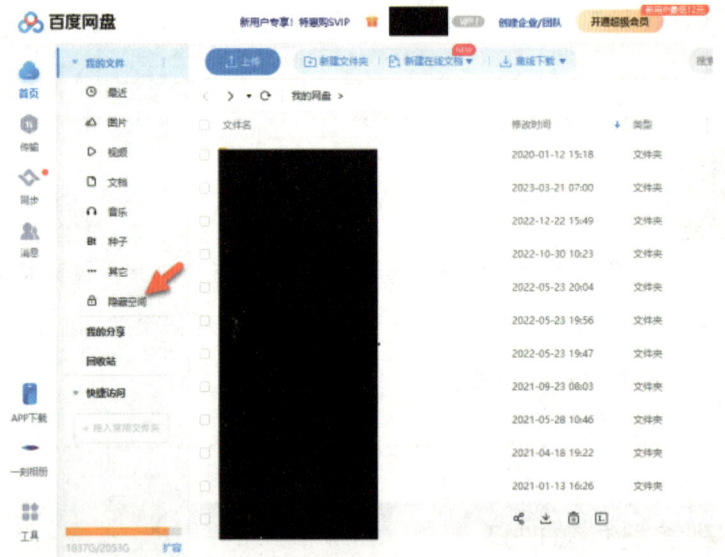

图 6-2-7　百度网盘首页

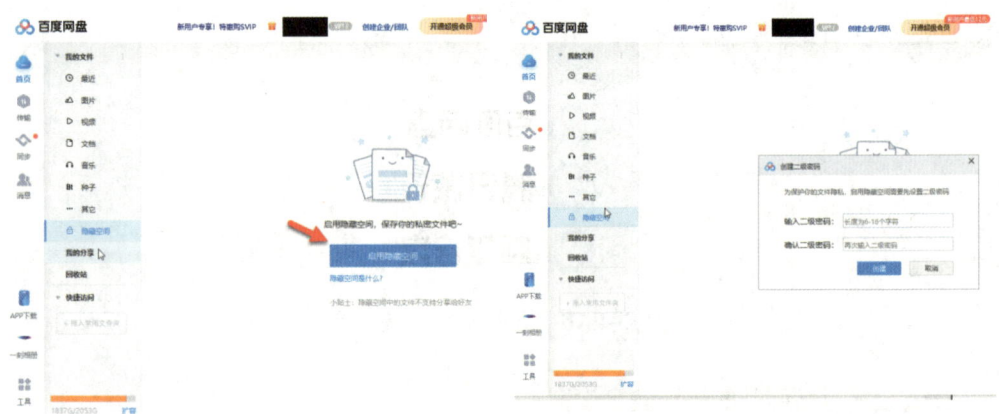

图 6-2-8　开启百度网盘"隐藏空间"

拓展阅读　百度网盘隐藏空间的基本操作和标准网盘相同,可执行上传、下载、删除、新建文件夹、重命名、移动等操作。隐藏空间的文件删除后不会进入回收站,也就无法恢复,同时,已分享的文件若移入隐藏空间,也会被取消分享。

（2）查看并管理百度网盘的个人用户登录情况

1）运行并登录百度网盘 PC 客户端后，在如图 6-2-7 所示主页面中，点击左下角的"工具"选项，打开百度网盘工具窗口栏，如图 6-2-9 所示。

2）在百度网盘工具窗口栏中选择"文件管理"栏目，在出现的栏目页面中选择"设备管理"（见图 6-2-10），即可在"设备管理"页面中查询近期登录该百度网盘账号的客户端信息，并对上述曾经登录过百度网盘的客户端信息进行管理。

图 6-2-9　百度网盘"工具"主页面　　图 6-2-10　百度网盘"设备管理"页面

三、个人隐私安全设置

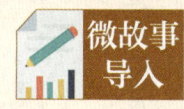

小浩的数字设备里经常会有许多陌生人添加小浩为微信好友，尤其是一些产品销售、金融理财和论文代发等微信用户。经过多方测试和检查发现，原来是他的设备中数据信息被恶意收集而导致个人隐私信息泄露，并逐步影响小浩其他联网数字设备的个人隐私安全。

1. 使用第三方软件保护个人隐私安全

在日常工作生活中，不法分子可以入侵网络防护级别较低的家庭网络，盗取大量个人隐私信息。下面我们以"360 隐私保镖"为例，讲解如何在 Windows 操作系统中做好个人隐私安全设置。

数字技能

（1）下载并安装"360隐私保镖"软件，开启"闲时保护"并通过点击主页中央的"立即扫描"按钮进行个人隐私泄露安全隐患扫描，如图 6-2-11 所示。在扫描完毕后，通过"一键修复"功能修复所发现的可能导致隐私泄露的风险，如图 6-2-12 所示。

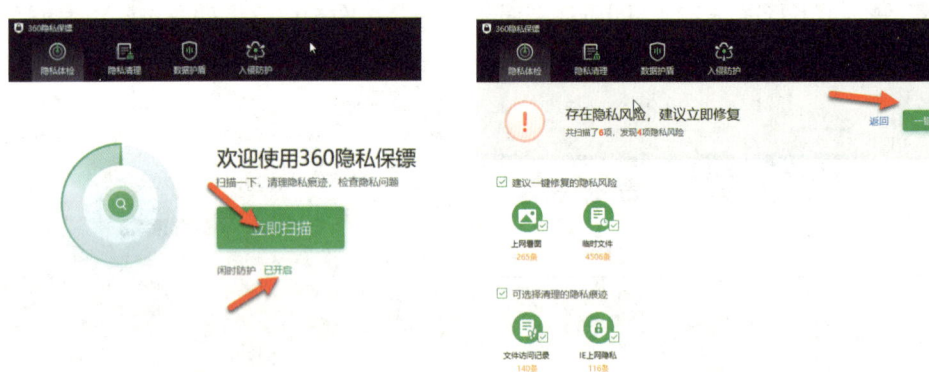

图 6-2-11　"360 隐私保镖"主页　　图 6-2-12　"360 隐私保镖"风险清理页面

（2）通过点击页面顶部"数据护盾"和"入侵防护"图标，启动"隐私防追踪""账号密码安全监控""隐私文件保护""防黑客入侵""局域网防护"等选项，以提升数字设备系统的个人隐私保护级别，如图 6-2-13 所示。

图 6-2-13　开启"360 隐私保镖"的"数据护盾"和"入侵防护"功能

2. 微信中个人数据隐私保护设置

用户在使用手机社交 App 的过程中往往会因为一些设置导致数据泄露，那应该如何保护好我们的信息呢？我们以"微信"App 为例，讲解个人数据安全保护设置。

扫描封面二维码可观看操作视频

（1）用手机登录"微信"App，点击右下角"我"，如图 6-2-14 所示。

（2）设置添加好友方式。点击"设置→朋友权限→添加我的方式"，在"可通过以下方式搜索到我"中禁用"手机号"选项，如图 6-2-15 所示。

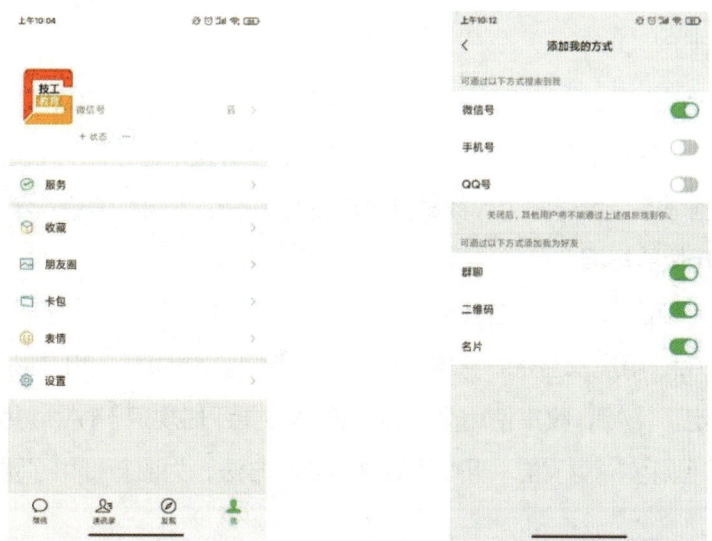

图 6-2-14　微信个人信息页面　　图 6-2-15　微信"添加我的方式"

（3）管理登录设备。点击"设置→账号与安全→登录过的设备"，点击右上角"编辑"，将非安全设备删除，如图 6-2-16 所示。

（4）关闭应用授权管理。点击"设置→个人信息与权限→授权管理"，如图 6-2-17 所示。选取不需要授权的应用，点击"解除授权"，如图 6-2-18 所示。

图 6-2-16　登录设备管理　　图 6-2-17　授权管理　　图 6-2-18　解除应用授权

数字技能

总结与情景拓展

总结

通过以上学习，我们对个人数据与隐私保护有了初步的认识，能够根据个人需求注册账号、设置密码、利用数字设备权限管理软件、选择合适的云数据服务、管理好个人数据安全设置并保护个人隐私信息安全。

应用情景拓展

工业和信息化部联合互联网、手机终端、电信运营商等产业链各环节成立App用户权益保护标准工作组，按照"知情同意"和"最小必要"原则制定了《App收集使用个人信息最小必要评估规范》《App用户权益保护测评规范》等标准，明确了检测要求和方法，为监管提供了更加明确的依据。

请你检查一下手机中诸如微信、抖音、微博等App的"个人信息收集清单""第三方信息数据共享"等的设置是否安全吧。

第3节 健康数字环境保护

学习情景

公司领导得知网络空间安全的重要性，因此安排小浩学习相关政策和法规，并安排他负责管理公司的微博平台、微信公众号以及相关数字设备，每天发布微博信息，回复公众号评论，对公司的数字设备进行安全检测，月底还要对公司内部员工进行网络诈骗防范培训。如果你是小浩，你将如何开展这项工作呢？

核心要素

数字时代，各种信息在网络空间呈爆炸式增长，为人们生活提供便利之余，也导致网络环境出现泛娱乐化、极端化和戏谑化倾向，不利于和谐社会的构建。在此背景下，加强互联网内容建设至关重要，要发挥互联网数字化、网络化、智能化传播优势，保障数字舆论环境，为信息化社会发展提供重要保障。

通过完成本次任务，我们将具备以下能力。

1. 能规范地发表网络言论，正确使用网络举报平台。

2. 能了解数字设备病毒的定义及特征，掌握使用防病毒软件进行预防及处理的方法。

3. 能了解网络诈骗的类型、特点及危害性，快速分辨并举报钓鱼网站和诈骗网站。

4. 能掌握网络安全、数据安全和个人信息保护等法律法规。

一、规范发表网络言论

1. 网络言论的诞生及特点

网络言论，究其本质是个体思想的表达，只是借用了互联网这一工具实现。与其他表达形式不同，网络言论具有匿名性、即时性、传播范围广等特点，因而在网络上

数字技能

发表的个人言论受众范围更大，所引起的连锁反应也更强。网络言论不是法外之地，在论坛发帖和社交软件群组中发言也不能逾越道德约束及法律规范。

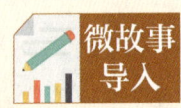

小浩所在的公司准备注册公司的微博账号，发布相关的产品信息及资讯，以宣传公司自身的文化及产品，提升自身影响力。公司将该工作交给小浩负责，小浩开始学习微博账号使用及发布技巧。

小浩使用微博平台发布留言信息，具体操作步骤如下。

（1）首先登录"微博"App，点击右下角的"我"，如图6-3-1所示。

（2）点击"关注"，在弹出的页面点击"关注的人"，最后点击"留言对象"，如图6-3-2和图6-3-3所示。

图6-3-1 微博个人信息页面

图6-3-2 微博"关注的人"页面

（3）输入留言信息，然后点击"发送"，这样就可以给对方留言，如图 6-3-4 所示。

图 6-3-3　微博"留言对象"主页　　图 6-3-4　微博"留言"页面

2. 正确使用网络举报平台

为传递正能量、抵制谣言、构建健康的网络环境，用户应当遵守法律法规、社会主义制度、国家利益、公民合法权益、社会公共秩序、道德风尚、信息真实性等七条底线原则。若发现网络上有人发布不实言论，可以向信息所在的网络平台进行举报，要求网络平台删除不实言论。为打击网络谣言、虚假信息等不良信息，维护和谐的互联网环境，我们必须采取有效的措施应对，正确使用网络举报平台。

下面以微信投诉平台为例，讲解如何使用举报功能。

（1）打开微信聊天页面，找到要投诉举报的发表不当言论的微信用户，进入后点击右上角"…"，如图 6-3-5 所示。

扫描封面二维码可观看操作视频

（2）在页面最下方点击"投诉"，如图 6-3-6 所示。

（3）按实际情况选择投诉原因，如图 6-3-7 所示。

（4）选择并提交相关证据、聊天记录。

（5）如果投诉成功，会接收到微信团队发来的通知信息。

数字技能

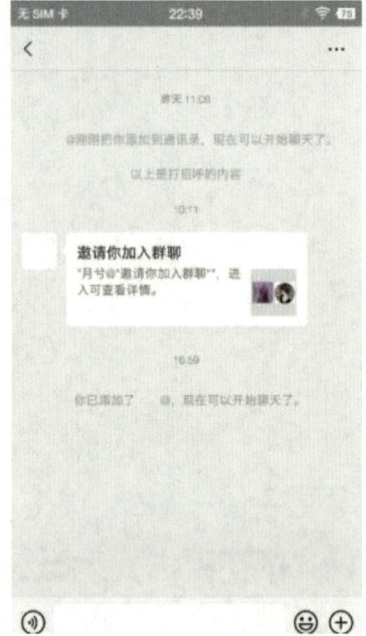
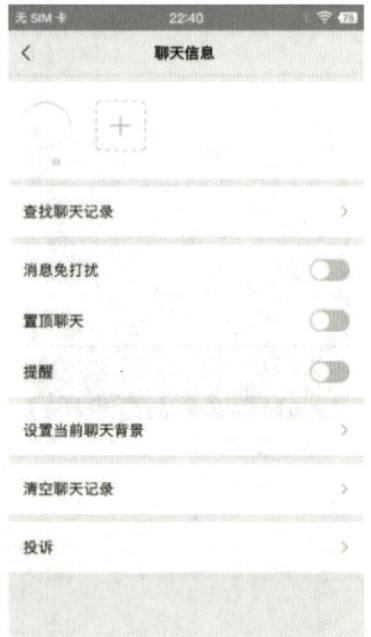

图 6-3-5　微信聊天页面　　　　图 6-3-6　"投诉"功能所在入口

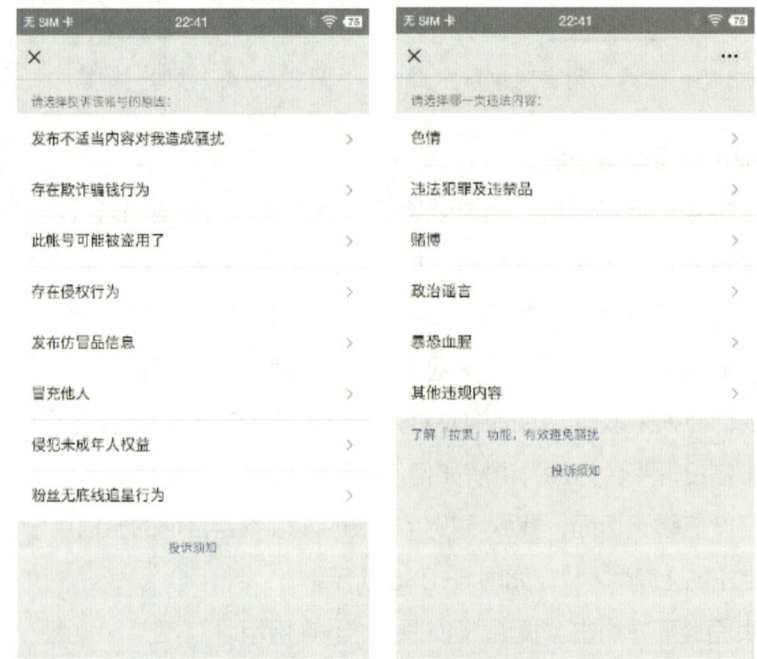

图 6-3-7　微信"投诉"页面

二、数字设备病毒防治

小浩同事的数字设备在运行了一个从网上下载的软件后,系统运行变得缓慢,并且经常会弹出各种类型的骚扰广告、部分文件夹会无故消失、部分程序无法正常运行。小浩接到同事的求助后,通过调用该设备的任务管理器查看后台进程后,发现多个可疑进程,小浩决定安装安全软件进行安全扫描并拦截骚扰广告。

1. 数字设备病毒的定义

数字设备病毒指编制者在计算机程序中插入的破坏计算机功能或者破坏数据,影响计算机正常使用并且能够自我复制的一组计算机指令或程序代码,是一种具有传染性、破坏性的应用程序,可用杀毒软件查杀,也可以手动卸载。数字设备病毒可通过文本信息、电子邮件、网站或用户下载的铃声以及蓝牙等方式进行传播。病毒会导致用户数字设备死机、个人资料被删、控制设备对外发送垃圾邮件、泄露个人信息、自动拨打电话、发送短消息等异常情况,甚至会损坏 SIM 卡、芯片等硬件,导致数字设备无法正常使用。

2. 数字设备病毒的特征

常见的数字设备病毒有以下六个特性。

(1)繁殖性。数字设备病毒可以像生物病毒一样进行繁殖,具有繁殖、感染的特征是判断某段程序是否为数字设备病毒的首要条件。

(2)破坏性。数字设备"中毒"后,可能会导致正常的程序无法运行、设备中文件被删除或损坏等问题,严重的甚至会破坏数字设备的硬件。

(3)传染性。数字设备病毒的传染性是指数字设备病毒通过修改别的程序将自身的复制品或其变体传染到无毒的对象上,这些对象可以是一个程序,也可以是系统中的某一个部件。

(4)潜伏性。数字设备病毒潜伏性是指数字设备病毒可以依附于其他媒体寄生的

数字技能

能力，侵入后的病毒潜伏到条件成熟后才发作，会使数字设备变慢。

（5）隐蔽性。数字设备病毒具有很强的隐蔽性，时隐时现、变化无常，处理起来非常困难。

（6）可触发性。编制数字设备病毒的人，一般都为病毒程序设定了一些触发条件，例如，时钟的某个时间或日期、系统运行了某些程序等。一旦条件满足，数字设备病毒就会被触发，使系统遭到破坏。

3. 数字设备病毒的防治

本书我们以"360手机卫士"App为例进行讲解。

（1）在数字设备上的应用商店或者浏览器中，搜索"360手机卫士"App进行下载安装。安装完成后，打开"360手机卫士"。

> 扫描封面二维码可观看操作视频

（2）"360手机卫士"对数字设备的安全检测，包括清理加速、骚扰拦截、手机杀毒和防诈中心等功能，病毒查杀点击"手机杀毒"，如图6-3-8所示。

图6-3-8 "手机杀毒"页面

（3）下一步，点击"手机杀毒"页面右上角的设置图标 ⚙，进行手机杀毒设置，开启"自动更新病毒库"开关，如图6-3-9所示。

（4）点击"扫描模式"，选择"全盘扫描"选项，如图6-3-10所示。

第 6 章 · 数字安全能力

图 6-3-9　开启"自动更新病毒库"

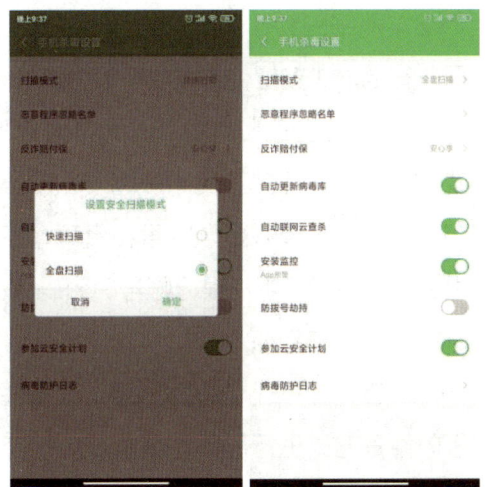

图 6-3-10　选择手机杀毒扫描模式

（5）返回"手机杀毒"页面，点击"全盘扫描"对数字设备全盘检测杀毒，直至无安全风险。

三、网络诈骗与防范

小浩在网络诈骗防范培训中，向同事说明现在流行的几种网络诈骗类型，并阐述网络诈骗的特点和危害性，讲解如何分辨及举报钓鱼网站和诈骗网站。

网络诈骗指以非法占有为目的，以各种形式骗取他人财物且发生在互联网上的诈骗手段。

1. 网络诈骗类型

常见的网络诈骗有以下四种类型。

（1）盗取账号诈骗。冒充网络社交工具中的好友借钱进行诈骗。

（2）网络游戏交易诈骗。利用网络游戏装备及游戏币交易进行诈骗。

253

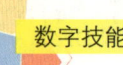

（3）网络购物诈骗。此类诈骗主要是诱导用户多次汇款、点击假链接和假网页、采用非安全方式支付，或以收取订金骗钱、约见汇款、以次充好等手段进行犯罪。

（4）"网络钓鱼"诈骗。此类诈骗主要是犯罪分子利用传播软件向邮箱用户、网络游戏用户、网络社交工具用户等发布中奖提示信息，多以中奖、顾问、对账等内容引诱用户在链接中填入金融账号和密码，不法分子通过架设的伪装银行网站，在用户输入相关信息时窃取用户银行账号、密码等。

2. 网络诈骗特点

（1）空间虚拟化、行为隐蔽化。罪犯与受害人无须见面，一般只通过网上聊天、电子邮件等方式进行联系，就能在虚拟空间中完成犯罪。罪犯在作案时常常刻意虚构事实、隐瞒身份，使用各种代理、匿名服务，使得罪犯的真实身份深度隐藏，难以确定罪犯所在地。

（2）低龄化、低文化。行为人较年轻，文化程度较低。

（3）链条产业化。网络诈骗呈现出产业化特点，在某些高危地区往往围绕特定诈骗手法形成了上下游产业，且逐渐形成了一条成熟完整的产业链。

（4）网络诈骗行为手法多样化，更新换代速度快。网络诈骗手法多样，新型诈骗手法层出不穷。

（5）诈骗犯罪实施人群手法多元化、交叉化趋势明显。网络诈骗呈现明显的地域特点，某一种网络诈骗的手法相对在某一地区较为集中和活跃，诈骗手法交叉趋势明显。

3. 网络诈骗社会危害性

（1）对个人财产的危害。网络诈骗不仅会导致个人财产损失，还会对个人信用记录和社会形象造成不良影响。

（2）对社会经济秩序的危害。网络诈骗犯罪活动严重破坏了社会经济秩序，影响了正常的市场竞争环境，阻碍了经济发展。

（3）对人民群众生活的危害。网络诈骗犯罪活动严重侵害了人民群众的合法权益，给人民群众带来了极大的困扰和损失，影响了人民群众的生活质量。

4. 防范并举报网络诈骗

（1）钓鱼网站及诈骗网站的分辨和识别。

1）查看网站链接地址，钓鱼网站、诈骗网站会用相似的字母或数字混淆视听，如字母"o"和数字"0"、字母"i"和数字"1"等。

2）注意观察网站网页上的内容，当网页上有内容显示异常时就要提高警觉。

3）网站网页上的重要显示内容异常，但网页却没有进行相应的通知。

4）注意浏览器地址栏的末尾是否有加密锁标志。

5）如果访问的是网银或支付宝页面，要注意看清链接的开头，正规网银或支付宝是以"https"开头的。

6）数字设备中可以安装"360 安全卫士""金山卫士"或"腾讯管家"等安全管理工具，会在访问网站时帮助用户辨别真假，并加以提示。

（2）分辨盗号和网络交易诈骗。

1）尽量避免点击手机短信中的链接，尤其是链接中要求输入个人信息的时候需要警惕。

2）遇到亲友借钱，在转账之前应先通过电话确认，确认完毕后再考虑是否进行转账，若电话打不通则坚决不要转账。

3）对于陌生人的来电要保持警惕，遇到冒充公检法机关人员电话的，可以通过直接拨打对应机构的公开业务电话进行确认。

（3）举报钓鱼网站、诈骗网站。

当遇到钓鱼网站的时候，首先要做的就是保护好自己的信息安全，在这个前提之下，应该积极地向相关组织举报该网站，避免更多的人受骗上当。

拓展阅读　"国家域名投诉举报处理平台"网址为 http://jubao.apac.cn/complaint.html，"12321 网络不良与垃圾信息举报受理中心"网址为 https://www.12321.cn/，"恶意网址举报-举报平台-360安全服务"网址为 https://fuwu.360.cn/jubao/wangzhi。

钓鱼网站、诈骗网站在线举报流程如下。

1）打开微信"搜一搜"功能，在搜索框内输入"12321"，搜索并关注"12321 受理中心"微信公众号。

2）点击公众号底部菜单栏，选择"其他投诉→网站"。

扫描封面
二维码可观
看操作视频

数字技能

3）输入网站地址，选择不良类型"钓鱼及诈骗"，填写关于钓鱼网站的具体描述及被骗过程，确认信息无误后点击"投诉"完成举报，如图6-3-11所示。

图6-3-11 "12321"钓鱼及诈骗信息投诉举报功能

> **拓展阅读**　"12321"微信公众号网站投诉功能除了可以投诉钓鱼网站，还可以举报涉淫秽色情、反动、泄露隐私及其他违法网站。

5. 使用"国家反诈中心"App预防电信诈骗

近年来以电信网络诈骗为代表的新型网络违法犯罪治理形势严峻复杂。事前发现、从源头预防，是当前最有效的反诈手段。为了精准预防电信网络诈骗，公安部组织开发了"国家反诈中心"App。软件不仅有很多防诈骗知识，还能够快速举报和报案，是一款具备诈骗预警、快速举报、身份核实、风险查询等功能的软件，可以有效防范各种电信网络诈骗案件发生。

"国家反诈中心"App预防电信诈骗的强大功能体现在以下几个方面。

（1）提高用户防骗意识。定期推送防诈文章，曝光最新诈骗案例。软件能根据用户年龄、职业等特点，测试被骗风险指数，防患于未然。

（2）实现实时防诈骗预警。能对手机"来电""短信""App程序"三大模块进行监测，精准识别和预警用户可能遇到的诈骗手段，极大地降低受骗可能性。

（3）提供诈骗举报平台。用户可以在"国家反诈中心"App中对电信网络诈骗行为进行举报。

（4）降低资金被骗风险。用户在向陌生账号转账时，可以验证对方支付账户、IP网址、QQ、微信的信息，以判断对方的账号是否涉诈。

需要注意的是，在安装"国家反诈中心"App后，安卓和鸿蒙操作系统需要点击"国家反诈中心"App中的"来电预警"模块，启用"来电预警"及"短信预警"功能。同时，用户需要允许"国家反诈中心"App获取"照片访问""视频访问""访问短信""访问通讯录"等权限。iPhone手机用户除了允许上述权限外，还需要通过点击系统中"设置→电话→来电阻止与身份识别→国家反诈中心"启用相关功能。

四、网络及数据安全法规

小浩在今年网络安全宣传周期间，准备组织策划一个宣传活动，为公司职工普及基本的网络安全知识，增强数据安全防范意识，提高个人信息防护技能。他需要提前再学习一下这几部法律知识。

《中华人民共和国网络安全法》《中华人民共和国数据安全法》和《中华人民共和国个人信息保护法》是我国数据和网络安全的三部基础法律。《中华人民共和国网络安全法》主要立法目的是保障网络安全，维护网络空间主权和国家安全、社会公共利益，重点关注"网络自身的安全"；《中华人民共和国数据安全法》则旨在保障数据安全，同时关注数据处理活动与数据开发利用；《中华人民共和国个人信息保护法》则在寻求个人信息安全的基础上，促进信息的合理流通与利用，维护公民个人的隐私、人格、财产等利益。

1. 网络安全法律法规

《中华人民共和国网络安全法》自2017年6月1日起施行，是我国第一部全面规

数字技能

范网络空间安全管理方面问题的基础性法律，是我国网络空间法治建设的重要里程碑，是依法治网、防范网络风险的法律重器，是让互联网在法治轨道上健康运行的重要保障。《中华人民共和国网络安全法》是为保障网络安全，维护网络空间主权和国家安全、社会公共利益，保护公民、法人和其他组织的合法权益，促进经济社会信息化健康发展而制定的法律。

《中华人民共和国网络安全法》总共有七章，分别是总则、网络安全支持与促进、网络运行安全、网络信息安全、监测预警与应急处置、法律责任、附则。

2. 数据安全法律法规

数据是新兴事物，《中华人民共和国民法典》《中华人民共和国网络安全法》《信息安全技术个人信息安全规范》等法律法规都涉及数据安全。聚焦数据的《中华人民共和国数据安全法》自2021年9月1日起施行，它以数据安全为核心，涵盖个人信息、政务数据等各类型数据，涉及数据利用与安全发展，规定了数据安全工作机制、职责与保护制度，兼顾政务数据安全与开放，是我国首部比较全面的、效力层级较高的、专门针对数据的法律。

3. 个人信息保护法律法规

《中华人民共和国个人信息保护法》自2021年11月1日起施行。

在信息时代，个人信息保护已成为广大人民群众最关心、最直接、最现实的利益问题之一。手机App过度索要权限、强制同意、过度收集用户个人信息、"大数据杀熟"等痛点，是这部法律的精准打击对象。

《中华人民共和国个人信息保护法》进一步细化、完善个人信息保护应遵循的原则和个人信息处理规则，明确个人信息处理活动中的权利义务边界，健全个人信息保护工作体制机制。

总结与情景拓展

总结

通过以上学习，我们能够做到规范地发表网络言论，正确地使用网络举报平台，掌握了使用防病毒软件进行病毒预防及处理，可以快速分辨及举报钓鱼网站和诈骗网站，了解网络安全、数据安全和个人信息保护等法律法规知识。

应用情景拓展

小浩现在遇到一台计算机设备被病毒程序感染，安全软件无法正常启动，重新安装软件时则遇到软件安装包被病毒程序恶意删除的情况。如果你是小浩，应该怎样在尽量保护原有数据的情况下，完成对该病毒程序的查杀？